Strategien und Hintergründe
der medikamentösen
Depressionsbehandlung

Strategien und Hintergründe der medikamentösen Depressionsbehandlung

Stellung des Amitriptylinoxids in der Reihe der Antidepressiva

G. Jungkunz

V

Friedr. Vieweg & Sohn · Braunschweig/Wiesbaden

CIP-Titelaufnahme der Deutschen Bibliothek

Jungkunz, Gerd:
Strategien und Hintergründe der medikamentösen
Depressionsbehandlung /
G. Jungkunz. — Braunschweig; Wiesbaden: Vieweg, 1989

ISBN 978-3-663-05275-3 ISBN 978-3-663-05274-6 (eBook)
DOI 10.1007/978-3-663-05274-6

Der Verlag Vieweg ist ein Unternehmen der Verlagsgruppe Bertelsmann.

Konzeption und Realisation: Jürgen Weser, Gütersloh.
Herstellung: Gütersloher Druckservice GmbH, Gütersloh

ISBN 978-3-663-05275-3

Vorwort

Das hier vorliegende Bändchen soll dem interessierten Arzt die Möglichkeit verschaffen, sich über ein Psychopharmakon ausreichender zu informieren, als es in wissenschaftlichen Prospekten möglich ist. Gleichzeitig soll versucht werden, das nötige Hintergrundwissen zu vermitteln, um verständlich zu machen, warum Psychopharmaka eingesetzt werden und welche Wirkungen zu erwarten sind.
Außerdem wurde versucht, Grundsätze bei der medikamentösen Depressionsbehandlung aufzuzeigen.
Die Literaturangaben wurden bewußt umfangreich gehalten, um dem interessierten Kollegen die Möglichkeit zu erleichtern, sich in spezielle Fragen zu vertiefen.
Anliegen dieses Buches ist es daher, niedergelassenen Kollegen und Klinikern, die Psychopharmaka verordnen, Sicherheit im Umgang mit diesen Medikamenten zu ermöglichen bei gleichzeitiger Kenntnis der Rationalen ihrer Anwendung und der Grenzen, die bei der Behandlung mit diesen Medikamenten gesetzt sind.
Gedacht ist daran, in loser Reihenfolge die wichtigsten Medikamente dieser Indikationsgebiete zu besprechen, so daß nach und nach ein Übersichtswerk entsteht.

Dr. med. G. Jungkunz Lohr, 1988

Inhaltsverzeichnis

1 Einleitung

1.1 Historische Vorbemerkungen

Die Behandlung der Depression hängt eng mit deren Verständnis zusammen und ist abhängig von den wissenschaftlichen Erkenntnissen und dem religiösen und philosophischen Denken der jeweiligen Zeit.

Bemerkenswert ist, daß seit der Antike die großen Ärzte die Depressionen, welche in der Regel als Melancholie bezeichnet wurden, als somatische Krankheiten ansahen.

Erst zu Beginn dieses Jahrhunderts begann man, viele Erkrankungen unter dem Gesichtspunkt der Psychogenese bzw. der psychogenetischen Mitverursachung zu betrachten.

Entsprechend wurden auch verschiedenste therapeutische Bemühungen initiiert, depressive Verstimmungszustände »zu kurieren«.

HIPPOKRATES (460—377 v.Chr.) empfahl bei der Melancholie *Formentum, Helleborus* und *Mandragora* (Alraune). AESKULAB (128—56 v.Chr.) hoffte, durch Musik sowie durch Gedächtnis- und Aufmerksamkeitsübungen die Melancholie günstig zu beeinflussen. CELSIUS (30 v.—30 n.Chr.) hielt vor allem die Regelung des Schlaf-Wach-Rhythmus für besonders wichtig.

In späteren Jahrhunderten wurden dann mannigfaltige pflanzliche, metallische und mechanische Mittel, wie z. B. Schröpfköpfe, bei der Behandlung der Melancholie verwendet.
Die Melancholie galt immer noch als körperliche Erkrankung, und man versuchte, die »*Materia melancholica*« als krankheitserzeugende Substanz aus dem Körper zu vertreiben.
Noch im 17. und 18. Jahrhundert verwandten Mediziner Helleborus, führten Aderlässe durch und setzten weitere Mittel ein, die die Blutzirkulation im Gehirn regeln sollten.
1944 hielt dann Opium in die Therapie der Depressionen seinen Einzug, und mit Digitalis wurden therapeutische Versuche unternommen.
BUMKE führte zu Beginn des 20. Jahrhunderts in München bei innerer Getriebenheit der depressiven Patienten Brom zur Beruhigung ein. LANGE griff 1928 wiederum die Opiumkur auf und setzte zusätzlich Brom zur Dämpfung der inneren Unruhe und Paraldehyd bei Schlafstörungen ein.
1932 führte SAKEL die Insulintherapie ein, 1934 kamen Cardiazolschocks zum Einsatz, und 1938 stellte man die durchschlagende Wirkung der Elektrokrampftherapie fest.
Bei der Elektrokrampftherapie kam es anfangs zu erheblichen Komplikationen, die jedoch 1940 verringert werden konnten, als das Muskelrelaxanz Curare Verwendung fand. Bis 1952 war die Elektrokrampftherapie das einzig wirksame Mittel bei schweren Depressionen.
Spätere Versuche mit psychochirurgischen Eingriffen bei der Melancholie, Inhalationstherapien mit Stickstoff und Sauerstoff waren ohne nachhaltigen Erfolg und häufig von erheblichen Nebenwirkungen begleitet.
Der große Umbruch in der Depressionsbehandlung wurde 1952 eingeleitet, als ZELLER entdeckte, daß Iproniazid — ein Tuberkulostatikum — die Monoaminoxidase hemmt, und LOOMER, SAUNDERS und KLINE das Iproniazid mit gutem Erfolg bei Depressionen anwendeten (1957).
1957 entdeckte und beschrieb KUHN die antidepressive Wirkung des

Imipramins, einem klassischen trizyklischen Antidepressivum, das noch heute im Gebrauch ist.
Damit waren die beiden, bis heute für die medikamentöse Behandlung der Depression wichtigsten Substanzgruppen entdeckt, nämlich die Monoaminoxidase-Hemmer und die trizyklischen Antidepressiva.
Die Entdeckung dieser antidepressiv wirksamen Substanzen beruhte mehr oder weniger auf Zufall gepaart mit guter klinischer Beobachtungsgabe:
Die Firma Geigy entwickelte Ende der 40er Jahre verschiedene antihistaminerge Substanzen, die chemisch dem Promethazin und dem Chlorpromazin, dem ersten Neuroleptikum, ähnlich waren. Kuhn untersuchte eine dieser Substanzen hinsichtlich ihrer Wirkung bei unruhigen psychiatrischen Patienten. 1953 wurden die ersten günstigen Ergebnisse des neuentwickelten Neuroleptikums Chlorpromazin publiziert, und auch Kuhn begann, es in seiner Klinik einzusetzen. Kuhn fand aber für die Anwendung in der Klinik das Chlorpromazin zu teuer und wandte sich an die Firma wegen ähnlicher, billigerer Substanzen. Er erhielt ein Präparat mit der Code-Nr. G 22-355, das spätere Imipramin.
In den Jahren 1955 und 1956 setzte er dieses Präparat bei 300 Patienten mit den verschiedensten psychiatrischen Diagnosen ein.
Erst gegen Ende seiner klinischen Versuche behandelte er damit auch Patienten mit endogenen Depressionen.
Überrascht beschrieb er die Wirkung dieses Medikamentes bei den depressiven Patienten: »Die Mimik der Patienten löst sich und gewinnt ihre Ausdrucksfähigkeit zurück. Die Patienten werden lebhafter, umgänglicher und freundlicher. Sie sprechen mehr und lauter. Das Jammern, Weinen und Klagen hört auf, Bemerkungen über körperliche Beschwerden nehmen ab.
Die Patienten stehen am Morgen spontan auf, nehmen von sich aus Aktivitäten auf, das verlangsamte Lebenstempo normalisiert sich.
Die Patienten nehmen die Besserung selbst wahr, Schuldgefühle und depressive Wahnideen verschwinden. Suizidale Ideen und Impulse treten zurück.

Schlafstörungen und schwere Träume werden seltener. Tagesschwankungen, Appetitmangel, Obstipation hören auf.«
KUHN beobachtete weiter recht treffend, daß der Wirkungseintritt dieses Antidepressivums zwischen ein paar Tagen und mehreren Wochen schwanken konnte und daß ca. 20—25 % der Patienten nicht darauf ansprachen.
Auch beschrieb er, daß die besten therapeutischen Erfolge bei endogenen Depressionen zu erzielen seien sowie bei solchen, die das erste Mal im Klimakterium aufgetreten sind, sofern eine vitale Verstimmung im Vordergrund stehe. KUHN stellte schon eine umfangreiche Liste der Nebenwirkungen des Imipramins auf, sah aber darin keine wesentliche Einschränkung der Anwendung dieses Präparates.
Entsprechend dieser ersten Erkenntnisse entstanden die früheren Depressionshypothesen.

1.2 Depressionshypothesen

1.2.1 Aminmangelhypothesen

Die Kenntnis der Pharmakologie von Substanzen, die Depressionen erzeugen oder lindern können, begründete die ursprünglichen Depressionshypothesen. Bei Depressionen spielte Reserpin eine Schlüsselrolle. So war die Beobachtung, daß bei der Behandlung der Hypertonie mit Reserpin depressive Syndrome auftreten können (LEMIEUX et al., 1956; FAUCETT et al., 1957; JENSEN, 1959), eine wesentliche Voraussetzung für die Formulierung der Katecholaminhypothesen (BUNNEY und DAVIS, 1965; SCHILDKRAUT, 1965; MATUSSEK, 1966) und der Serotoninhypothese (COPPEN, 1967; LAPIN und OCHSENKRUG, 1969; van PRAAG, 1969) der endogenen Depression.
Reserpin entleert Serotonin (SHORE et al., 1955) und Noradrenalin (CARLSSON und HILLARP, 1956) aus den neuronalen Speichern.
Das schon im Tierexperiment beschriebene »Reserpinsyndrom« mit

Bewegungs- und Initiativverarmung bei den Tieren wurde als Modell menschlicher Depressionen herangezogen.
Depressive Zustandsbilder wurden später aber auch nach Gabe von fast allen antihypertensiv wirkenden Substanzen beschrieben: seien es Beta-Blocker, Alpha-Methyl-Dopa, Clonidin, Guanethidin, Bethanidin und Thiaziddiuretika (PAYKEL et al., 1982), so daß unklar ist, welcher pharmakologischen Wirkung der depressiogene Effekt zuzuschreiben ist. Die Möglichkeit, daß Hypertoniker nach Normalisierung des Blutdruckes mehr zu depressiven Verstimmungen neigen, ist ebenfalls nicht gänzlich widerlegt.
Auch Chlorpromazin bewirkte Depressionen (FELDMANN, 1957), und es wurde für möglich erachtet, daß auch Neuroleptika in 10—30 % der Anwendungen depressive Syndrome hervorrufen (HELMCHEN und HIPPIUS, 1967; RIFKIN et al., 1977; MÜLLER et al., 1978; HELMCHEN und PIETZKER, 1983; MÜLLER, 1983).
Es kann daher nicht als bewiesen angesehen werden, daß eine Verarmung an Neurotransmittern Depressionen bewirkt. Dies scheint sogar fraglich, da z. B. eine langdauernde Reserpinbehandlung die Aktivität der Tyrosinhydroxylase erheblich steigert und somit auch die Synthese des Noradrenalins (SEGAL et al., 1974).
Die beinahe zufällig entdeckte antidepressive Wirkung des Imipramins (KUHN, 1957) und des Iproniazids (LOOMER et al., 1957) wurde in Einklang mit den Aminmangelhypothesen damit erklärt, daß durch Hemmung der Wiederaufnahme der Amine bzw. durch Hemmung der Metabolisierung dieser Transmitter eine Anreicherung der Überträgersubstanzen im synaptischen Spalt bewirkt wird.
Doch gegen diese Interpretation der antidepressiven Wirkung dieser Substanzen wurden zunehmend Einwände erhoben:
Manche Substanzen sollen antidepressiv wirken, obwohl sie nicht die Wiederaufnahme der Monoamine in die präsynaptischen Nervenendigungen oder deren Abbau hemmen. In diesem Zusammenhang wird immer wieder Iprindol und Mianserin erwähnt.
Weitere Substanzen sind zwar starke Aufnahmehemmer für die Monoamine, zeigen aber keine antidepressive Wirkung, z. B. Kokain. Außerdem erfolgt der pharmakologische Effekt der Wiederaufnah-

mehemmung sehr schnell, während die therapeutische Wirkung bei der Anwendung aller Antidepressiva einer gewissen Latenz unterliegt.
Auch die Streßhypothese der endogenen Depressionen (Stone, 1983) basiert im wesentlichen auf dem Konzept der geringeren Verfügbarkeit an Neurotransmittern. Stone (1983) geht davon aus, daß aus zentralen Nervenendigungen bei erhöhten Anforderungen wie Streß zu wenig Noradrenalin sezerniert wird.

1.2.2 Neurochemische Hypothesen

Bei einem Teil depressiver Patienten werden erhöhte basale Noradrenalinkonzentrationen im Blut nachgewiesen (Wyatt et al., 1971; Louis et al., 1975; Esler et al., 1982; Lake et al., 1982; Barnes et al., 1983; Robinson et al., 1983; Siever et al., 1983; Roy et al., 1985 b).
Depressive Patienten zeigen auch bei Belastung (Stehversuche) deutlich stärkere Anstiege der peripheren Noradrenalinkonzentration im Vergleich zu Gesunden (Ruhdorfer et al., 1985; Roy et al., 1985 b).
In Untersuchungen mit markiertem Noradrenalin bei Menschen konnte bei verschiedenen Erkrankungen die von der neuronalen Ausschüttung abhängige Kinetik des Noradrenalins abgeschätzt werden (Esler et al., 1979; Esler et al., 1980; Esler et al., 1981). So wurden bei endogenen depressiven Patienten nicht nur im Vergleich zu Gesunden erhöhte Noradrenalin-Plasmakonzentrationen festgestellt, sondern auch nachgewiesen, daß diese erhöhten Konzentrationen infolge gesteigerter Spilloverrate zustande kommen. Nachdem die Adrenalinwerte unverändert waren, muß eine erhöhte sympathische Aktivität angenommen werden und keine Streßfolge der Erkrankung (Esler et al., 1982).
Patienten mit erhöhten Noradrenalinwerten im Plasma zeigen höhere Angstwerte in den verschiedenen Angstfragebögen (Wyatt et al., 1971; Roy et al., 1985 b).
Untersuchungen zu Noradrenalin-Metaboliten bei depressiven Patienten deuten in eine ähnliche Richtung.

3-Methoxy-4-Hydroxyphenylglykol (MHPG) wird als Metabolit des Noradrenalins im ganzen Körper gebildet.
Werden die MHPG-Konzentrationen im Liquor depressiver Patienten mit den Werten von Gesunden verglichen, so zeigen sich zwar kaum Unterschiede (Wilk et al., 1972; Ashcroft et al., 1976; Agren et al., 1980; Berger et al., 1980; Post et al., 1980; Oreland et al., 1981; Traskman et al., 1981; Asberg et al., 1984).
Differenziert man jedoch entsprechend des Krankheitsverlaufes, so kann man als einigermaßen gesicherten Befund festhalten, daß Patienten mit unipolarem Verlauf ihrer Erkrankung (nur depressive Phasen) im Liquor signifikant erhöhte MHPG-Werte im Vergleich zu altersentsprechenden Kontrollpersonen oder im Vergleich zu Patienten mit bipolarem Verlauf (depressive und manische Phasen im Verlauf der Erkrankung) aufweisen (Koslow et al., 1983).
In Untersuchungen zur MHPG-Ausscheidung im Urin ist ebenfalls tendenziell festzustellen, daß Patienten mit bipolarem Verlauf eher weniger MHPG ausscheiden, während unipolare Patienten eher zu erhöhten Werten neigen (Maas et al., 1968; Schildkraut et al., 1978; Garfinkel et al., 1979; Beckmann und Goodwin, 1980; Schatzberg et al., 1982).
Die MHPG-Konzentration im Urin ist aber zusätzlich abhängig von körperlicher Betätigung (Ebert et al., 1972; Beckmann und Goodwin, 1980) und nimmt im Alter zu (Koslow et al., 1983). Depressive Patienten zeigen nach Streß einen geringeren Anstieg der Ausscheidung als Vergleichspersonen, und depressive Patienten zeigen im Urin einen veränderten zirkadianen Rhythmus der MHPG-Ausscheidung mit vorverlegten Maxima um drei Stunden (Wehr et al., 1980).
Dies konnte insbesondere bei einer Patientin demonstriert werden, die während der Depression eine wesentlich kürzere zirkadiane Periodik der MHPG-Ausscheidung aufwies. Die veränderte zirkadiane Periodik war dann im freien Intervall nicht mehr zu sehen (Pflug et al., 1982).
Hier bieten sich Parallelen zu zirkadianen Veränderungen psychopathologischer Befunde an (Tagesschwankungen, Störungen des

Schlaf-Wach-Rhythmus), wobei das »Morgentief« zeitlich mit dem erhöhten Noradrenalinumsatz zusammenfällt.
Diese biochemischen Befunde lassen im Gegensatz zu den Aminmangelhypothesen der Depression eher auf eine hyperadrenerge Reaktionslage schließen (Davis et al., 1983; Koslow et al., 1983; Maas et al., 1987).

1.2.3 Rezeptorhypothesen

Das Interesse der Depressionsforschung hat sich in den letzten Jahren Rezeptorveränderungen zugewendet, die bei chronischer Gabe von Antidepressiva auftreten können:
Beschrieben wurde eine verringerte, über Beta-Rezeptoren vermittelte Reaktion des postsynaptischen Adenylcyclasesystems bei chronischer Behandlung mit verschiedenen Antidepressiva (Vetulani und Sulser, 1975).
Nicht nur die Noradrenalin- oder Isoprenalin-sensitive Adenylcyclase wird nach chronischer Gabe von trizyklischen Antidepressiva weniger stimuliert, sondern es nimmt auch gleichzeitig die Dichte (B max.) dieser Adrenorezeptoren ab (Sulser, 1984) sowie deren Affinität für entsprechende Liganden (Banerjee et al., 1977).
Wahrscheinlich ist, daß die postsynaptische Verfügbarkeit von Noradrenalin am Rezeptor die »Down-Regulation« der Beta-Rezeptoren initiiert (Sulser et al., 1983), da eine Blockierung dieser Rezeptoren mit Beta-Rezeptor-Antagonisten (z. B. Propranolol) oder Läsionen des Locus coeruleus, wodurch die adrenergen Impulse vermindert werden, diesen Effekt verhindert (Wolfe et al., 1978; Janowsky et al., 1982 a; Okada et al., 1982).
Blockiert man andererseits präsynaptische Alpha-2-Rezeptoren, so wird die Verminderung der Beta-Rezeptoren bei Gabe von Antidepressiva beschleunigt (Jojnson et al., 1979; Crews et al., 1981; Scott und Crews, 1983), da durch die Blockade der hemmend wirkenden präsynaptischen Alpha-2-Rezeptoren vermehrt Noradrenalin zur Verfügung steht.

Dies stimmt mit der Vermutung der Abhängigkeit der Beta-Rezeptor-»Down-Regulation« von der Verfügbarkeit von Noradrenalin am Rezeptor überein. Eine »Down-Regulation« der Beta-Rezeptoren ist gleichzeitig nur möglich bei einem intakten serotonergen System (BRUNELLO et al., 1982 a; BRUNELLO et al., 1982 b; JANOWSKY et al., 1982 b), so daß eine intakte Wechselbeziehung zu diesem Transmittersystem notwendig erscheint.

2 Wie wirken Antidepressiva?

Antidepressiva zeigen pharmakologisch eine bunte Palette von Wirkungen, wie eine hohe Bindungsaffinität für eine ganze Anzahl von Rezeptoren, z. B. Muscarinrezeptoren, alpha-adrenerge Rezeptoren, Beta-Rezeptoren, Histaminrezeptoren, Serotonin- und Dopaminrezeptoren. Weiterhin haben sie alle ein unspezifisches Bindungsbestreben zu den verschiedensten Zellmembranen, so daß nicht zu entscheiden ist, welcher dieser Eigenschaften der therapeutische Effekt zuzuschreiben ist (Carlsson, 1984).
Dennoch gehören heute die trizyklischen Antidepressiva (TAD) zu den Standardmedikamenten bei der Behandlung endogener Depressionen, obwohl weder der Wirkungsmechanismus dieser Medikamente noch die Ätiologie der endogenen Depression endgültig geklärt ist.

2.1 Beeinflussung der neuronalen Erregungsübertragung durch Wiederaufnahmehemmung

Der noradrenergen Erregungsübertragung bei depressiven Verstimmungen scheint eine hervorragende Rolle zuzukommen, wie direkt

aus biochemischen, pharmakologischen und indirekt aus neuroendokrinologischen Untersuchungen geschlossen werden kann. Daher ist es zum Verständnis notwendig, auf gewisse Gesetzmäßigkeiten der nervösen Erregungsübertragung mittels Transmitter einzugehen:
Im Ruhezustand (Zustand relativer Hypopolarisation) besteht in den Nervenendigungen zwischen den Vesikelaußenflächen der Noradrenalinvesikeln und der Innenseite der Plasmamembran eine elektro-

Abb. 1: Schematische Darstellung einer noradrenergen Synapse

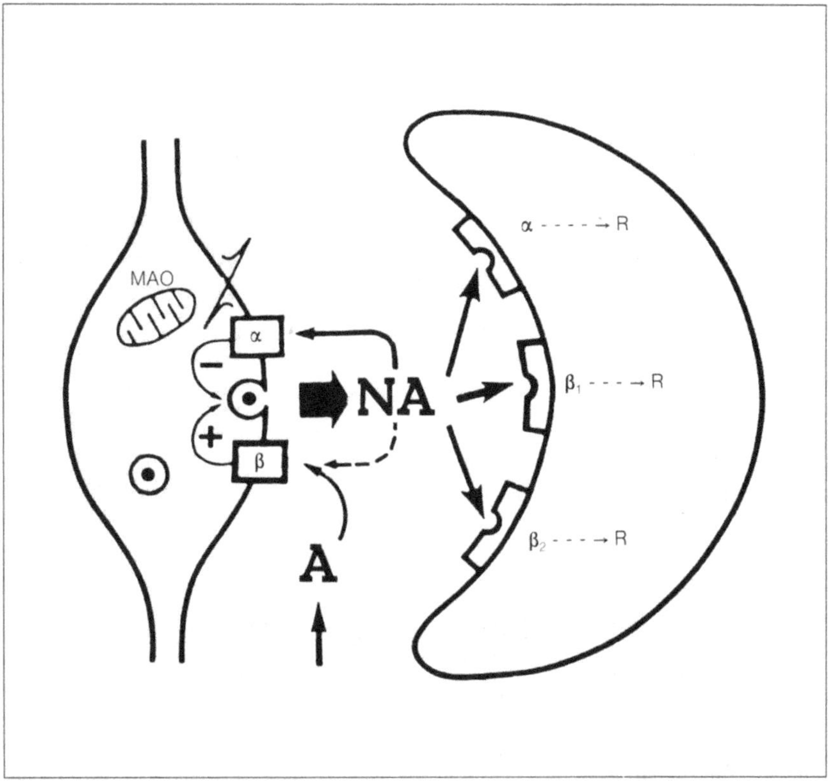

statische Abstoßung. Läuft ein Aktionspotential über die Nervenaxonen ab, wird diese Abstoßung wahrscheinlich durch Ca-Kationen-Einstrom aufgehoben, und es kommt zu einer Verschmelzung der beiden Membranen. Darauf folgt eine exozytische Freisetzung des Vesikelinhaltes in den synaptischen Spalt.

Die präsynaptischen Alpha-2-Rezeptoren bewirken bei Erregung durch NA eine Hemmung der Sekretion (Abb. 1).

Das freigesetzte Noradrenalin verteilt sich dann durch Diffusion. Nur ein relativ geringer Teil erreicht die rezeptortragende Membran der Erfolgszelle (postsynaptische Rezeptoren) und wird vorübergehend gebunden. Geringe Mengen gelangen in den Intrazellularraum der Effektorzelle und werden dort abgebaut (extraneuronale Aufnahme). Ein anderer Teil wird durch Kapillaren abtransportiert und gelangt so in den Blutkreislauf (Spillover). Die größte Menge sezernierten NAs (90 %) aus dem präsynaptischen Nervenende wird dort wiederaufgenommen (neuronale Wiederaufnahme = »Reuptake«).

Entsprechend des Ausmaßes des Reuptakes verändert sich der Übertritt von NA in das Plasma (Abb. 2).

Abb. 2: Schematische Darstellung der Noradrenalinsekretion und -wiederaufnahme an den Nervenendigungen

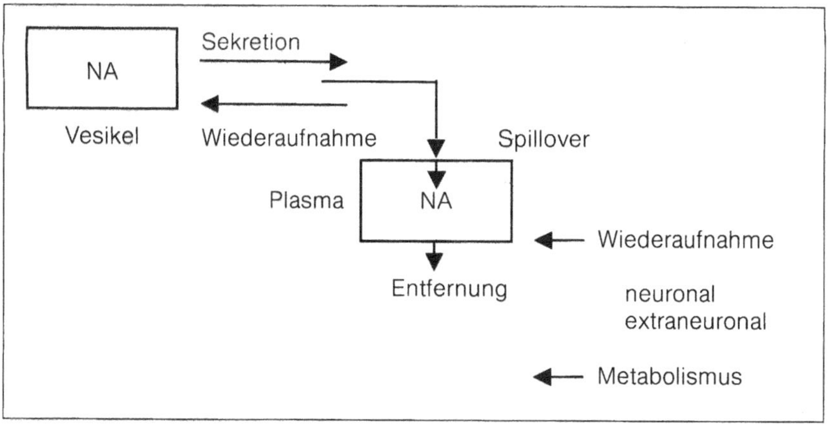

Tab. 1: Halbmaximale Aufnahmehemmung von 3H-Aminen bei Gabe von TAD in verschiedene, als Modell dienende Strukturen (nach HYTTEL, 1982 und MAITRE, 1980)
IC 50 = Inhibitory Concentration = Hemmkonzentration
NA = Noradrenalin
5-HT = 5-Hydroxytryptamin

	Rattenhirn-Synaptosomen	
IC 50 nM	5 — HT	NA
Chlorimipramin	1,5	24
Desmethylchlorimipramin	41	0,46
Amitriptylin	40	24
Nortriptylin	590	7,7

aus: Hyttel, Prog. Neuro-Psychopharmacol. Biol. Psych. 1982 (30)

IC 50 nM	Menschen-Thromobozyten 5 — HT	Ratten-Synaptosomen NA
Chlorimipramin	5	46
Amitriptylin	44	46
Nortriptylin	170	9

aus: Maitre, Acta Psychiat. Scand. 61, Suppl. 280, 1980 (41).

ESLER (1980) zeigte, daß nach schneller intravenöser Injektion von radioaktiv markiertem NA die Eliminationskurve des NA aus dem Plasma bei Gesunden einem biexponentiellen Verlauf unterliegt. Es gibt eine schnelle Eliminationsphase und eine langsame Eliminationsphase. Nur die schnelle Eliminationsphase wird durch die Gabe von trizyklischen Antidepressiva beeinflußt, wobei das Ausmaß der Hemmung des Reuptakes durch Antidepressiva quantitativ erheblichen Streuungen unterliegt. In In-vitro-Untersuchungen wurde ver-

sucht, die Wiederaufnahmehemmung für Monoamine (NA, 5-HT, Dopamin) durch Antidepressiva zu quantifizieren. Es wurden Rattenhirnsynaptosomen und menschliche Thrombozyten (MAITRE et al., 1981; HYTTEL, 1982) als Modell verwendet (Tab. 1).
Wegen unterschiedlicher Methodik dieser pharmakologischen Experimente sind die Ergebnisse nur bedingt vergleichbar. Hier zeigt sich u.a., daß Clomipramin (Anafranil) als tertiäres Amin ein potenter 5-HT-Wiederaufnahmehemmer ist. Clomipramin wird jedoch schnell und zu einem großen Teil zu Desmethylclomipramin demethyliert, das vorwiegend die Noradrenalinwiederaufnahme hemmt.
Die Wirkung der TAD wurde im Sinne der Mangelhypothesen als Fähigkeit, die Defizite an Transmittersubstanzen (vor allem Noradrenalin und Serotonin) auszugleichen, gedeutet. TAD und ihre Metabolite hemmen die NA- bzw. 5-HT-Wiederaufnahme in die präsynaptischen Nervenendigungen und sollen so zur funktionellen Verbesserung der Erregungsübertragung über erhöhte Verfügbarkeit von Transmittern im synaptischen Spalt führen.
Trizyklische Antidepressiva hemmen jedoch in ganz unterschiedlichen Konzentrationen die Wiederaufnahme für biogene Amine in die Präsynapse (siehe Tab. 1) (MAITRE et al., 1980; HYTTEL, 1982), während therapeutisch gleiche Dosierungen eingesetzt werden.
Wäre bei der Behandlung beim Menschen der Wiederaufnahmehemmung eine bedeutsame Wirkung zuzuschreiben, so müßte man, um äquivalente Wirkungen auf noradrenerge oder serotonerge Erregungsübertragung zu erreichen, beispielsweise Amitriptylin 14—15mal so hoch dosieren wie Clomipramin.
Der üblichen Tagesdosis von 150 mg Clomipramin (Anafranil) z. B. entspräche eine Tagesdosis von 2,2 g Amitriptylin (Saroten, Triptyzol, Laroxyl), womit wir unsere Patienten intoxikieren würden.
Da die therapeutische Wirkung einer Substanz in irgendeiner Weise mit ihrer Verfügbarkeit am Wirkort und damit auch mit ihrer konzentrationsabhängigen thermodynamischen Wirkung in Zusammenhang stehen muß, scheint es also zweifelhaft, ob die Wiederaufnahmehemmung für Noradrenalin und andere Transmitter mit der therapeutischen Wirkung in Beziehung gesetzt werden kann.

Nun ist es gerade die Fähigkeit der trizyklischen Antidepressiva, die Elimination der Transmitter aus dem synaptischen Spalt durch Wiederaufnahmehemmung zu verhindern, der die Verbesserung der neuronalen Erregungsübertragung zugeschrieben wird. Dies stellt ein unbewiesenes Postulat dar.

2.2 Beeinflussung des Transmitterstoffwechsels

Die Behandlung mit TAD scheint auch eher zu einer Erniedrigung des Noradrenalinumsatzes zu führen, wie eine Reihe von Studien zeigt:

Beim Menschen sinken bei längerer Behandlung mit trizyklischen Antidepressiva, mit Monoaminoxydase-Hemmern (MAO-Hemmer), nach Elektrokrampftherapie (EKT) die Noradrenalinkonzentrationen im Urin (Linnoila et al., 1982), im Plasma (Corona et al., 1982; Mendlewicz et al., 1982; Robinson et al., 1983) und im Liquor (Major et al., 1979).

Auch die MHPG-Konzentrationen sinken bei längerer Behandlung im Urin (Beckmann und Goodwin, 1975; Beckmann und Murphy, 1977; Edwards, 1979; Linnoila et al., 1982; Veith et al., 1983), Plasma (Robinson et al., 1983; Charney et al., 1985) und Liquor (Träskmann et al., 1979; Potter et al., 1981; Mendlewicz et al., 1982).

Die Abbildung 3 zeigt einen schematisierten Überblick der Studien, die bei verschiedenen Behandlungen sinkende Konzentrationen von Noradrenalin und MHPG in verschiedenen Körperflüssigkeiten nachweisen.

Auch die DHPG-Spiegel — ein weiterer Metabolit des Noradrenalins — werden durch Antidepressiva erniedrigt (Robinson et al., 1983).

Zusätzlich wurde gezeigt, daß nach längerer Antidepressivagabe die Tyrosinhydroxylaseaktivität sinkt (Segal et al., 1974) und damit eine reduzierte Noradrenalinsynthese zu erwarten ist.

Es scheint demnach unwahrscheinlich, daß über eine vermehrte Ver-

Abb. 3: Veränderungen der MHPG-Konzentrationen und der Noradrenalinspiegel bei drei so unterschiedlichen antidepressiven Behandlungen wie mit TAD, Monoaminoxydase-Hemmern (MAO-Hemmer) und Elektrokrampftherapie (EKT)

	MHPG			Noradrenalin		
	Liquor	Plasma	Urin	Liquor	Plasma	Urin
Trizykl. AD	↓ 1,6, 7,9	↓ 12, 15	↓ 2,4, 10,13		↓ 8 ↑ 14	
MAO-Hemmer			↓ 2,3	↓ 5	↓ 12	
EKT			↓ 11			↓ 11

1 Bowers 1972, 2 Beckmann 1975, 3 Beckmann 1977, 4 Edwards 1979, 5 Major 1979, 6 Sjoqvist 1980, 7 Potter 1981, 8 Corona 1982, 9 Mendlewicz 1982, 10 Linnoila 1982, 11 Linnoila 1983, 12 Robinson 1983, 13 Veith 1983, 14 Cutler 1984, 15 Charney 1985.

fügbarkeit von Transmittern wie Noradrenalin eine Verbesserung der Erregungsübertragung bei psychopharmakologischer Depressionsbehandlung erreicht wird, nachdem Synthese und Umsatz der Transmitter abnimmt.

2.3 Beeinflussung neuronaler Rezeptorempfindlichkeit

Veränderungen prä- und postsynaptischer Rezeptorempfindlichkeit, veränderte Stimulierbarkeit des Adenylcyclasesystems im Zentralnervensystem (ZNS) bei antidepressiver Behandlung gewinnen zunehmend Beachtung (Bergstrom et al., 1979; Sulser, 1982). Man fragte sich, ob die eigentliche antidepressive Wirkung einer sich langsam entwickelnden Subsensitivität der zentralen beta-adrenergen Rezeptoren entsprechen könnte (Frazer et al., 1978; Vetulani et al., 1978; Bergstrom et al., 1979; Sulser, 1982; Charney et al., 1985). Eine andere Theorie erklärte die antidepressive Wirkung mit einer Aktivierung zentraler Alpha-Rezeptoren (Vetulani, 1978). Gesichert ist, daß im Tierexperiment verschiedene Rezeptoren (Alpha-1, Alpha-2, Beta-1, Beta-2, 5-HT) durch Antidepressiva beeinflußt werden. Inwieweit diese Befunde auf den kranken Menschen übertragen werden können ist unklar, zumal bei depressiven Patienten eine veränderte Erregungsübertragung im ZNS und damit verknüpft wahrscheinlich auch abweichende Rezeptorfunktionen diskutiert werden (Vetulani, 1978; Sulser, 1982).

Entsprechend der Streßhypothese der endogenen Depressionen (Stone, 1983) bewirken dann die Antidepressiva eine verlängerte Aktivierung postsynaptischer, adrenerger Rezeptoren.

Zusammenfassend muß bei umfassender Wertung der heute zur Verfügung stehenden Untersuchungsergebnisse davon ausgegangen werden, daß keine Daten vorliegen, die einen Mangel an Noradrenalin oder ein funktionelles Defizit der noradrenergen Erregungsübertragung in der pauschalen Form, wie in den Aminmangelhypothesen gefordert, nachweisen.

Im Gegenteil, wo quantitative Aussagen gemacht werden, zeigen die Arbeiten, daß — zumindest bei einigen Depressionsformen — von Überfunktionen auszugehen ist.

Stellt man die Befunde zur Rezeptorempfindlichkeit depressiver Patienten den Ergebnissen gegenüber, welche zu Rezeptorveränderungen bei chronischer Antidepressivagabe im Tierexperiment erhoben werden, so gibt es verblüffende Übereinstimmungen:

Beim »gesunden« Tier bewirken Antidepressiva ganz genau solche Veränderungen, von denen man annimmt, daß sie bei depressiven Patienten aufgrund der Erkrankung bestehen (Abb. 4).

Es scheint daher zweifelhaft, ob aufgrund tierpharmakologischer

Abb. 4: Rezeptorveränderungen bei Antidepressivagabe (Tier) und bei depressiven Patienten

	bei depressiven Patienten	nach chronischer Gabe von Antidepressiva
Alpha-Rezeptoren	α 1 ▲ α 2 ▼	α 1 ▲ α 2 ▼
Beta-Rezeptoren	β ▲	β ▲

Befunde zu Veränderungen adrenerger Rezeptoren auf krankheitsbedingte Mechanismen beim Menschen geschlossen werden kann, etwa in dem Sinne: Antidepressiva bewirken im Tierexperiment eine Beta-Rezeptor-»Down-Regulation«, also müssen Depressionen mit supersensitiven Beta-Rezeptoren vergesellschaftet sein, nachdem bei den Patienten genau gegenteilige Veränderungen nachgewiesen werden.

2.4 Schlußfolgerungen

Wenn also Antidepressiva, statt den Noradrenalinumsatz zu erhöhen, denselben eher reduzieren und genau solche Veränderungen der Rezeptorfunktionen bewirken, wie sie bei depressiven Patienten vorhanden sind, so muß man ihre gesicherte therapeutische Wirkung neu überdenken:
Möglich wäre, daß die klassischen Antidepressiva (TAD und MAO-Hemmer) einen gestörten Regelkreis in Richtung der pathologischen Veränderungen weiter anstoßen und daß dann erst gegenregulatorische Mechanismen einsetzen und die klinische Besserung herbeiführen.
Hierfür könnten einige klinische Beobachtungen sprechen: TAD

wirken nicht bei allen Patienten einer homogenen Gruppe endogen-depressiver Patienten.
TAD und MAO-Hemmer können mit zunehmender Erkrankungshäufigkeit eines Patienten an Wirkung verlieren (Mann, 1983; Cohen und Baldessarini, 1985; Moldawski, 1985) und scheinen auch den Krankheitsverlauf negativ beeinflussen zu können (Arnold, 1969).
Nach dem Nachweis der antidepressiven Wirkung des Imipramins als Standardsubstanz der trizyklischen Antidepressiva wurde in der psychopharmakologischen Behandlung phasisch verlaufender, endogener Depressionen kein wesentlicher Fortschritt mehr erzielt. So kann die Vermutung entstehen, daß, ausgehend von unrichtigen Hypothesen, immer wieder neue »Antidepressiva« auf den Markt gebracht werden, aber deshalb nicht den älteren TAD überlegen sein können.
Noch besteht das übliche pharmakologische Screening potentiell antidepressiv wirkender Substanzen meistens aus pharmakologischen Testen, die auf den Reserpinantagonismus abzielen oder direkt und indirekt eine Verbesserung der Erregungsübertragung tierexperimentell nachweisen.
Bei den chronisch verlaufenden und den sogenannten therapieresistenten Depressionen wurden seit Einführung der trizyklischen Antidepressiva bis heute ebenso keine wirklichen Verbesserungen der pharmakologischen Behandlungsmöglichkeiten erbracht (Hippius und Jungkunz, 1985).
Gerade hier besteht für den behandelnden Arzt und Forscher eine Herausforderung, der er sich scheinbar zu wenig stellt. Es sind weniger die Patienten mit kurzen Phasen der Depressionen, die sowieso auf Antidepressiva am besten ansprechen (Bielski und Friedl, 1976; Seifert, 1985), welche besonders der ärztlichen Hilfe bedürfen, sondern die chronisch kranken Patienten, bei denen viele Behandlungsversuche fehlgeschlagen haben.

3 Wann werden Antidepressiva eingesetzt?

Beim Vorliegen depressiver Verstimmungszustände richtet sich der Einsatz von Medikamenten einmal nach der nosologischen Zuordnung des Krankheitsbildes. Bei kurzfristigen reaktiven Verstimmungen erweist sich die Anwendung von Antidepressiva in der Regel als unnötig, da hier eher das psychotherapeutische Gespräch dem Patienten helfen kann und eine mögliche Wirkung von Antidepressiva zu spät einritt. Falls begleitend auf eine medikamentöse Hilfe nicht verzichtet werden kann, beispielsweise bei panikartigen Angstzuständen aufgrund schwerer Schicksalschläge oder allgemein erheblicher emotionaler Belastungen, so kann der kurzfristige Einsatz von Tranquilizern gute Dienste leisten.

Psychologisch bzw. tiefenpsychologisch erklärbare seelische Konflikte mit depressiven Verstimmungen (depressive Neurosen) bedürfen primär des psychotherapeutischen Gespräches. Hier kann der Einsatz von Antidepressiva eine Entlastung bedeuten und die Psychotherapie unterstützen, manchmal macht der Einsatz von Antidepressiva die Psychotherapie erst möglich, insbesondere wenn sich die Verstimmungszustände »verselbständigt« haben, d. h. kaum mehr in zeitlichem Zusammenhang mit den auslösenden Ereignissen stehen.

Bei depressiven Syndromen infolge organischer Erkrankungen, also beispielsweise bei endokrinen Störungen wie Hypothyreose, M. Cushing usw. oder bei cerebro-vaskulärer Insuffizienz oder cerebralen Anfallsleiden, richtet sich der Einsatz der medikamentösen Behandlung zuerst nach dem Grundleiden, obwohl auch hier Antidepressiva als Adjuvans gerechtfertigt sind. So werden z. B. Depressionen nach cerebralen Insulten häufig beobachtet. Diese depressiven Verstimmungen sprechen in der Regel sehr gut auf Antidepressiva an, wobei natürlich, wie bei allen organisch bedingten oder mitgestalteten Depressionen, mit erheblich stärkeren Nebenwirkungen bei der Behandlung mit Antidepressiva gerechnet werden muß (LIPSEY et al., 1981).

Die Hauptindikation für den Einsatz von Psychopharmaka, speziell der Antidepressiva, sind die endogenen Depressionen.

Hier steht die antidepressive Behandlung mit geeigneten Medikamenten im Vordergrund. Hervorzuheben ist, daß Tranquilizer und Neuroleptika keine Antidepressiva sind und alleine in der Regel eine endogene Depression nicht zum Abklingen bringen, obwohl ihr Einsatz manchmal indiziert sein kann. Dieser Einsatz von Tranquilizern und Neuroleptika sollte jedoch nur als Zusatztherapie zu der Basisbehandlung mit Antidepressiva angesehen werden, und er ist gerechtfertigt, wenn initial das Krankheitsbild schnell beherrscht werden muß, z. B. bei erheblicher Agitiertheit, Ängstlichkeit und Suizidalität, und das Einsetzen der antidepressiven Wirkung der Antidepressiva nicht abgewartet werden kann bzw. deren sedierende Potenz initial nicht ausreicht.

Die begleitende, stützende Gesprächstherapie — auch bei der medikamentösen Behandlung endogener Depressionen — muß von jedem Arzt geleistet werden, der solche Patienten betreut.

Es handelt sich hier nicht um eine komplizierte, psychotherapeutische Technik, sondern um aufklärende Gespräche über das Wesen der Erkrankung und über die Möglichkeiten der Therapie und ihrer Nebenwirkungen.

Der Patient darf in diesen Gesprächen nicht überfordert werden, man muß ihn entlasten, indem man ihm klar macht, daß er nicht Schuld an seiner Erkrankung hat. Parallelen zu »normalen« organischen Erkrankungen sollten gezogen werden mit dem Hinweis, daß es sich bei solchen Depressionen um Nervenstoffwechselkrankheiten handelt und man deshalb zur Verbesserung und Harmonisierung des Nervenstoffwechsels Medikamente einsetzt, die in der Lage sind, hier gezielt einzugreifen, und daß man nicht Medikamente einsetzt, um vorhandene oder vermeintliche Probleme weniger scharf verspüren zu lassen.

Jegliche Hinweise auf die eigene Mitarbeit oder Apelle an den eigenen Willen des Patienten sind zu unterlassen, da diese die Insuffizienzgefühle und die Schuldvorstellungen des depressiven Patienten verstärken, der ja erheblich unter seinen Insuffizienzen und Antriebsdefiziten leidet.

Der Einsatz und der Hintergrund, möglicherweise sogar die Wirkmechanismen der Medikamente, die verschrieben werden, müssen erklärt werden, da sich der Patient sonst zu leicht mißverstanden und abgeschoben fühlt. Dies gilt vor allem auch für die zu erwartenden Nebenwirkungen der Therapie und für die Zeitdauer der Behandlung. Nur bei entsprechenden Hinweisen vor der Behandlung kann erwartet werden, daß der Patient zuverlässig unsere Anordnungen befolgt.

Die endogene Depression als Hauptindikation für die Anwendung von Antidepressiva ist durch zahlreiche Studien belegt, aus denen hervorgeht, daß bei diesem Krankheitsbild Antidepressiva deutlicher Erfolge zeigen als bei depressiven Syndromen anderer Ätiologie (zur Übersicht: Bielski und Friedel, 1976).

4 Wann sollen welche Antidepressiva zum Einsatz kommen?

Bei endogenen Depressionen — über diese soll fortan gesprochen werden — sind also Antidepressiva die Mittel der ersten Wahl.
In der Bundesrepublik Deutschland gibt es jedoch — inklusive Kombinationspräparate — soviele Substanzen, daß selbst der Spezialist nicht immer in der Lage ist, Vor- und Nachteile der einzelnen Präparate genau abzuwägen bzw. deren spezielle Indikationen zu kennen. Dies ist jedoch nicht notwendig, da die prinzipiellen Wirkmechanismen z. B. der trizyklischen Antidepressiva sich erheblich ähneln. Es ist daher sicher sinnvoller, gezielt mit 3 oder 4 Präparaten Erfahrungen zu sammeln.
Was die Auswahl eines geeigneten Antidepressivums betrifft, so muß leider von vornherein einschränkend gesagt werden, daß es im Einzelfall keine sicheren Prädikatoren für das Ansprechen auf das eine oder andere Medikament gibt.
Das von KIELHOLZ (1971) propagierte Schema, in dem stimmungsaufhellende Potenzen, sedierende Wirkung und psychomotorisch aktivierende Wirkung jedes einzelnen Medikamentes gradmäßig aufgelistet sind, eignet sich als Orientierungshilfe und ist von bedeutendem didaktischen Wert. Hinzuzufügen ist jedoch, daß z. B. gehemmt-depressive Syndrome generell auf die Behandlung mit

Abb. 5: Sedierende Wirkung einiger Antidepressiva
Gruppe 1: sedierend
Gruppe 2: eher indifferent
Gruppe 3: ev. erregend

↑ sedierend

1	Doxepin	(Aponal®, Sinquan®)
	Amitriptylin	(Laroxyl®, Saroten®, Tryptizol®)
2	Maprotilin	(Ludiomil®)
	Imipramin	(Tofranil®)
	Clomipramin	(Anafranil®)
	Amitriptylinoxid	(Equilibrin®)
	Dibenzepin	(Noveril®)
	Mianserin	(Tolvin®)
	Viloxazin	(Vivalan®)
3	Nortriptylin	(Nortrilen®)
	Nomifensin	(Alival®)
	Desimipramin	(Pertofran®)
	Tranylcypromin	(Jatrosom®, Parnate®)

trizyklischen Antidepressiva besser ansprechen und deshalb — bei entsprechender Erfordernis — ohne weiteres bei solchen Zustandsbildern auch »dämpfende« Antidepressiva eingesetzt werden können, während gerade die agitierten, ängstlichen Patienten, bei denen entsprechend des »Kielholz-Schemas« eher dämpfende Antidepressiva sinnvoll sind, besser auf Monoaminoxidase-Hemmer ansprechen, die in der Regel stark psychomotorisch aktivieren (Glassmann et al., 1975; Bielski und Friedel, 1976; Davidson et al., 1977).
Die Wahl des geeigneten Antidepressivums sollte daher entsprechend seiner sedierenden Wirkung ausgewählt werden, wie in Abb. 5 dargestellt.

Bei den Angaben zur Sedierung durch die Antidepressiva muß festgehalten werden, daß es erhebliche interindividuelle Unterschiede geben kann, je nachdem wie der Einzelne die Substanzen metabolisiert, da in der Regel die tertiären Amine (die Ursprungssubstanzen) eher dämpfender wirken als die sekundären Amine, die bei der Meta-

bolisierung in der Leber entstehen. So kann es ohne weiteres vorkommen, daß der Patient, der über eine starke Enzymaktivität der mikrosomalen, demethylierenden Leberenzyme verfügt, wesentlich mehr sekundäre Amine bildet und deshalb das Medikament bei ihm nicht die erwartete dämpfende Wirkung zeigt.
Ein sedierendes Antidepressivum wird man daher bei Patienten einsetzen, die über innere Unruhe und Getriebenheit klagen, wobei man gleichzeitig mit diesen Substanzen die Einschlafstörungen bessert, während man ein indifferentes oder aktivierendes Antidepressivum dann verschreibt, wenn bei leichteren Depressionen während der ambulanten Behandlung die Arbeitsfähigkeit erhalten werden soll oder bei deutlich gehemmten Patienten eine Aktivierung möglich ist, da Suizidalität mit an Sicherheit grenzender Wahrscheinlichkeit ausgeschlossen werden kann.
Weiterhin bietet sich bei depressiven Patienten ein syndromorientierter Einsatz der Antidepressiva an. Bei depressiven Verstimmungen kommen am häufigsten die Syndrome vor, wie sie in Tab. 2 dargestellt sind.

Hemmung oder Agitiertheit beschreibt die Psychomotorik, d. h. das Ausdrucksvermögen und die Gestik des Patienten. Jeder depressive Patient ist im Antrieb gehemmt, d. h. in seiner Fähigkeit, zielgerichtet über einen gewissen Zeitraum Anforderungen zu erfüllen.
Gehemmt-apathische Zustandsbilder können Hinweise sein für zusätzliche oder bestimmende organische Erkrankungen, so daß in

Tab. 2: Häufige Syndrome bei Depressionen

gehemmt	—	depressiv
agitiert	—	depressiv
gehemmt	—	apathisch
somatisiert	—	depressiv
paronoid	—	depressiv

diesen Fällen die primäre ausschließende Diagnostik einer organischen (Mit-)Verursachung des Krankheitsbildes noch intensiver betrieben werden muß.
Bei den somatisiert-depressiven Syndromen stehen die Klagen über diffuse körperliche Beschwerden im Vordergrund, wobei jedoch bei genauerem Nachfragen auch typisch depressive Stimmungen eruiert werden können, wie Insuffizienzgefühle, Schuldgefühle, Niedergeschlagenheit, Appetit- und Schlafveränderungen.
Die somatisiert-depressiven Syndrome sind mit Antidepressiva genauso behandelbar wie alle anderen Syndrombilder im Rahmen endogener Depressionen (Schmauss und Jungkunz, 1986).
Bei den paranoid-depressiven Syndromen werden von den Patienten depressive Wahninhalte dargeboten. Diese Patienten sind der festen, unkorrigierbaren Überzeugung, an einer schweren Erkrankung zu leiden (hypochondrischer Wahn) oder sich nicht mehr ernähren zu können (Verarmungswahn) oder in früheren Zeiten Schlimmes verbrochen zu haben (Schuldwahn) oder gar unter schlimmsten Umständen zugrunde zu gehen (nihilistischer Wahn).
Während in der Regel versucht werden sollte, monotherapeutisch Antidepressiva einzusetzen (siehe Ausnahmen Kapitel 3), ist bei den wahnhaften Depressionen von Anfang an die Kombination von Neuroleptika mit Antidepressiva angezeigt (Davidson et al., 1977).

5 Wie behandelt der Arzt mit Antidepressiva?

Wenn man sich für die Anwendung eines bestimmten Antidepressivums entschieden hat, so sollte man den Patienten über Wirkung und Nebenwirkung des Präparates aufklären, um eine bestmögliche Compliance zu erreichen.
Man beginnt die Behandlung einschleichend und orientiert sich vor allem an der individuellen Verträglichkeit des Präparates. Bei trizyklischen Antidepressiva sollte man mit einer »Probedosis« von 25 — 50 mg/die beginnen, wobei zu berücksichtigen ist, daß Nebenwirkungen zum einen zu Beginn der Behandlung stärker registriert werden und zum anderen bei Besserung der depressiven Symptomatik eher toleriert werden. Werden nach 3 — 7 Tagen unter der Anfangsdosis vom Patienten keine wesentlichen Klagen über die Begleiteffekte der Antidepressiva geäußert, so sollte immer unter Berücksichtigung der Verträglichkeit und damit auch der Compliance des Patienten rasch auf die therapeutische Dosis gesteigert werden, die bei gesunden Erwachsenen bei trizyklischen Antidepressiva zwischen 100 und 150 mg/die liegen dürfte. Viele Patienten vertragen weit höhere Dosierungen, hier ist jedoch dann eine engmaschige Kontrolle erforderlich (siehe Kap. 8.3: Kinetik). Auch ist nicht unbedingt davon auszugehen, daß ab einem gewissen Dosierungs-

bereich eine höhere Tagesdosis eines Antidepressivums auch bessere therapeutische Erfolge bringt (ASBERG et al., 1971).
Der Patient wird im Laufe der Behandlung häufig ungeduldig, da die antidepressive Wirkung manchmal erst nach einer längeren Behandlungszeit (bis 3 Wochen) eintritt. Hier muß der Therapeut ebenso Geduld aufbringen, um dem Patienten immer wieder zu versichern, daß noch mit einer Besserung zu rechnen ist. Falsch wäre es hingegen, wenn nach 4 Wochen Behandlung oder mehr in ausreichender Dosierung (in der Regel 75 — 150 mg/die bei trizyklischen Antidepressiva) weiter mit diesem Medikament therapiert wird, obwohl keinerlei Änderung des Zustandsbildes erreicht wurde. Hier sollte eine neue Behandlungsstrategie verfolgt werden bzw. noch einmal Indikation des Antidepressivums, Dosierung und auch Compliance des Patienten überprüft werden. Eventuell ist auch die Bestimmung der Plasmaspiegel des Antidepressivums zu veranlassen (siehe: JUNGKUNZ, 1986).
Bei 70 % der ambulanten Behandlungen mit Antidepressiva wird sich jedoch ein Erfolg einstellen. Es ist dann nach Besserung der Symptomatik mindestens noch 4 — 6 Monate mit dem Antidepressivum weiterzubehandeln, da erfahrungsgemäß post remissionem in dieser Zeit ohne Therapie 90 % der Rückfälle auftreten (COPPEN et al., 1978).
Die Erhaltungstherapie nach Rückbildung der depressiven Symptomatik kann jedoch in niedrigerer Dosierung durchgeführt werden als während der Akutbehandlung, wobei es sich empfiehlt, ca. 1 Monat nach der Remission die Dosis um 30 % zu verringern und dann 2 Wochen abzuwarten, ob diese Reduzierung eine Verschlechterung mit sich bringt. Sollte dies der Fall sein, so ist wieder auf die Ausgangsdosis zurückzugehen, anderenfalls können weitere vorsichtige Reduzierungsschritte unternommen werden, bis eine Erhaltungsdosis von ca. der Hälfte der Initialdosis erreicht ist. Das endgültige Absetzen des Antidepressivums erfolgt dann in gleichen, vorsichtigen Schritten, wobei einer etwaigen Verschlechterung des Zustandsbildes des Patienten jederzeit Rechnung getragen werden muß.

6 Mit welchen Nebenwirkungen und Interaktionen bei der Behandlung mit Antidepressiva muß gerechnet werden?

Über die Nebenwirkungen des gewählten Präparates muß der Patient aufgeklärt werden, da er dies sowieso aus dem »Waschzettel« erfährt und die Nebenwirkungen vor der klinischen Wirkung des Präparates verspürt.

Die typischen und allgemein bekannten Nebenwirkungen der trizyklischen Antidepressiva erklären sich hauptsächlich aus deren anticholinergen, d. h. atropinartigen Wirkung.

Hier ist zu unterscheiden zwischen peripheren anticholinergen Wirkungen und zentralen anticholinergen Wirkungen. Die zentralen anticholinergen Wirkungen der Antidepressiva entsprechen der sogenannten delirogenen Potenz.

Das pharmakogene Delir stellt eine exogene Psychose dar mit Desorientiertheit, Verwirrtheit, optischen und akustischen Halluzinationen sowie erheblichen vegetativen Begleiterscheinungen.

Periphere Wirkungen sind Blutdrucksenkung und orthostatische Komplikationen, Tachykardie, Tremor und vor allem, was die Patienten am häufigsten verspüren, Mundtrockenheit und Akkomodationsstörungen. Selten wird eine Änderung des Eßverhaltens beschrieben, wobei die Patienten einen verstärkten Kohlenhydrathunger bekommen. Übermäßiges Schwitzen kann manchmal auftre-

Tab. 3: Unerwünschte Wirkungen mancher Antidepressiva

Blutdrucksenkung
Orthostase
Tachykardie
Mundtrockenheit
Akkomodationsstörungen
Müdigkeit (?)
Schlafstörungen
Übelkeit, Erbrechen
Kopfschmerzen
Schwindel
Schweißausbrüche
Delir
Stenokardie
EKG-Veränderungen

ten wie auch vermehrte Flüssigkeitseinlagerung in bindegewebige Strukturen (Finger, Gelenke, Lider), Sonnenempfindlichkeit und Obstipation (siehe Tab. 3).

EKG-Veränderungen treten in der Regel nur bei Überdosierungen auf oder bei Patienten, die kardial vorgeschädigt sind. Hier werden vor allem beschrieben: Überleitungsstörungen, Repolarisationsstörungen und Rhythmusstörungen (supra- und ventrikulär) (Tab. 4).

Bei zusätzlicher Gabe von Neuroleptika kann die Metabolisierung der Antidepressiva verzögert werden, was zu höheren Plasmaspiegeln und verstärkten Nebenwirkungen durch die Antidepressiva führen kann. Bei Neuroleptika mit anticholinerger Wirkung (niederpotente Neuroleptika) können die atropinartigen Wirkungen verstärkt werden, insbesondere dann, wenn wegen der Nebenwirkungen der Neuroleptika Anticholinergika wie Biperiden (Akineton) dazugegeben

Tab. 4: EKG-Veränderungen bei Überdosierung mit Antidepressiva

Repolarisationsstörungen	T-Inversion, -Abflachung
Rhythmusstörungen	Sinustachykardie, supra- und ventriculär
Überleitungsstörungen	(akute Intoxikation) QRS — Verbreiterung und Deformation

werden. Die Kombination Antidepressivum, Neuroleptikum und Anticholinergikum stellt somit eine stark delirogene Mischung dar. Bei der gleichzeitigen Gabe von Barbituraten kann es durch Enzyminduktion zu einer verstärkten Metabolisierung und damit Wirkungsabschwächung der Antidepressiva kommen, zusätzlich kann aber die

Tab. 5: Interaktionen von Antidepressiva mit anderen Medikamenten

I.	Neuroleptika	Verzögerung der Metabolisierung
II.	Barbiturate	Beschleunigte Metabolisierung
III.	Anticholinergica	Delirgefahr Verstärkung peripherer anticholinerger Wirkung
IV.	Antihypertensiva	Abschwächung der antihypertensiven Wirkung
V.	Sympathomimetika	Abschwächung der blutdrucksteigernden Wirkung deshalb → Dihydroergotamin

sedierende Wirkung potenziert werden und Verwirrtheit und Benommenheit hervorgerufen werden.
Katecholaminhaltige Präparate und katecholaminhaltige Lokalanästhetika können in ihrer Wirkung verstärkt werden und Tachykardien, Blutdruckerhöhungen provozieren, während indirekte Sympathikomimetika in ihrer Wirkung abgeschwächt werden wie auch zentralwirksame Antihypertonika wie Clonidin und Guanethidin.

7 Was ist zu tun, wenn der Patient nicht auf die Behandlung anspricht? — Das Dilemma der therapieresistenten Depressionen

Die sogenannten therapieresistenten Depressionen erweisen sich in der Praxis häufig als nicht ausreichend behandelte Depressionen, da gesicherte antidepressive Behandlungen wie der Schlafentzug oder die Elektrokrampftherapie nicht zum Einsatz gekommen sind. Auch die Literatur zu den therapieresistenten Depressionen ist häufig inkonsistent, und die Behandlungskonzepte sind nur bedingt vergleichbar, da »Therapieresistenz« unterschiedlich definiert wird (Hippius und Jungkunz, 1985).

Kraepelin (1921) konnte aufgrund seiner Verlaufsbeobachtungen schon angeben, daß 18 % aller Depressionen chronifizieren oder primär chronisch verlaufen, was später nach Übersicht einer großen Literaturfülle auch in der Häufigkeit der Angaben ziemlich exakt bestätigt werden konnte (Robins und Guze, 1972). Diese Autoren kamen aufgrund eines Literaturüberblicks zu dem Ergebnis, daß ca. 12 — 15 % aller Depressionen chronisch verläuft.

1973 fand in Basel ein Symposium über therapieresistente Depressionen statt, das 1971 von der Sektion »Pharmacopsychiatry« der »World Psychiatric Association — WPA« initiiert wurde. Schon auf diesem Symposium wurde betont, daß nicht von Therapieresistenz gesprochen werden kann, wenn nicht auch die Elektrokrampftherapie bei depressiven Verstimmungen angewendet worden ist (Hamilton, 1974), da damit bei sehr vielen Patienten, welche auf keinerlei medikamentöse Therapie angesprochen hatten, noch eindeutige therapeutische Erfolge zu erzielen sind.

Insbesondere zeigt sich die Elektrokrampftherapie allen medikamentösen Behandlungsmaßnahmen gegenüber überlegen, wenn es sich um wahnhafte Depressionen handelt (DECAROLIS et al., 1964; HAMILTON, 1974; DAVIDSON et al., 1978; AVERY und LUBRANO, 1979; MINTER und MANDEL, 1979; BARKER und ECCLESTON, 1984).

Auf diesem Symposium wurde auch berichtet, daß eigentlich jede Änderung der bisherigen Behandlungsstrategie erneut Erfolge bringen kann; sei es die Durchführung der Elektrokrampftherapie, sei es daß man die Behandlung mit dem Antidepressivum unterbricht, sei es daß man das Antidepressivum infundiert oder die tertiären Amine Antidepressiva (wie z. B. Amitriptylin, Imipramin) mit den sekundären Aminen kombiniert (also: Amitriptylin mit Nortriptylin oder Imipramin mit Desimipramin). Auch wurde zu dieser Zeit schon die Kombination trizyklischer Antidepressiva mit MAO-Hemmern bei therapieresistenten Depressionen auf trizyklische Antidepressiva als überlegen beschrieben (BERNER et al., 1974).

Diese Befunde wurden immer wieder bestätigt, so zeigte sich die Kombination von MAO-Hemmern mit trizyklischen Antidepressiva bei Therapieresistenz auf diese trizyklischen Antidepressiva deutlich allen anderen Antidepressivakombinationen gegenüber überlegen (SETHNA, 1974; GORGOTAS et al., 1983; NOLEN et al., 1985; SCHMAUSS et al., 1985), wobei z. B. die Kombination von Antidepressiva mit Serotoninpräkursoren im Vergleich zur Kombination TAD + MAOI keine eindeutigen Erfolge brachte.

Monoaminoxidase-Hemmer dürfen jedoch nur mit trizyklischen Antidepressiva des »Amitriptylintyps« kombiniert werden und auf gar keinen Fall mit anregenden Antidepressiva (insbesondere *Clomipramin)* und dürfen nur zu trizyklischen Antidepressiva dazugegeben werden. Wenn also eine Behandlung mit MAO-Hemmern begonnen wurde, dann dürfen trizyklische Antidepressiva nicht als zweite Substanz hinzugegeben werden (SCHMAUSS et al., 1985; v. OEFELE, 1987).

Wenn die Reihenfolge dieser Kombinationen beachtet wird und nur mit sedierenden Antidepressiva kombiniert wird, dann stellt diese Kombination hinsichtlich des Nebenwirkungsrisikos keine höhere Gefährdung dar als eine Behandlung mit Monoaminoxidase-Hemmern alleine (v. Oefele et al., 1987).

Die zusätzliche Behandlung depressiver Syndrome, die auf trizyklische Antidepressiva nicht angesprochen haben, mit Schilddrüsenhormonen zeigte unterschiedliche Ergebnisse und ist deshalb als eindeutige Therapiestrategie nicht vorbehaltlos zu empfehlen (Gitlin et al., 1987; Stein und Avni, 1988), ebenso nicht die Kombination von trizyklischen Antidepressiva mit Oestrogenen bei depressiven Frauen (Klaiber et al., 1978; Oppenheim, 1984), zumal beschrieben wurde, daß durch diese Kombination ein schneller Wechsel von manischen und depressiven Zustandsbildern (rapid cycling) auftrat (Gitlin et al., 1987).

Als Anregungen zu weiteren Untersuchungen und weniger als Therapieempfehlungen sind Publikationen aufzufassen, die die zusätzliche Gabe von Methylen-Blau bei therapieresistenten Depressionen empfehlen (Berlant, 1986), während nicht nur bei den wahnhaften Depressionen bei Therapieresistenz auf trizyklische Depressionen die zusätzliche Gabe von *Reserpin* oder Neuroleptika Erfolge bringen kann (Jungkunz et al., 1980; Berlant, 1986).

Am erfolgversprechendsten klingen die neueren Berichte über die zusätzliche Gabe von Lithium bei therapieresistenten Depressionen, insbesondere wurde von mehreren Arbeitsgruppen bestätigt, daß die Kombination von MAO-Hemmern mit Lithium schnell die bislang unbeeinflußbare Symptomatik verbessert (Garbut et al., 1986; Tariot et al., 1986; Hale et al., 1987; Fein et al., 1988).

Ob bei der Behandlung mit trizyklischen Antidepressiva die Infusionstherapie der oralen Applikationsart überlegen ist und daher bei therapieresistenten Depressionen eingesetzt werden soll (Kielholz et al., 1978), muß bis heute umstritten bleiben, da kontrollierte Untersuchungen zum Vergleich der Wirkung der beiden Applikationsformen keine Überlegenheit der Infusionstherapie zeigten (Escobar et al., 1973; Jungkunz et al.,1984).

Zusammenfassend muß also festgestellt werden, daß in einem gewissen Prozentsatz der Behandlungen bei depressiven Patienten immer mit »Behandlungsversagern« zu rechnen ist. Falsch wäre es jedoch, zu schnell aufzugeben und den Patienten in seiner Hoffnungslosigkeit alleine zu lassen oder gar darauf hinzuweisen, daß dies sein Schicksal sei, das er zu tragen habe, da in der Regel nie alle Möglichkeiten ausgeschöpft werden. So wird es sicher häufiger notwendig sein, den Patienten zum Spezialisten zu überweisen oder in die Klinik einzuweisen, auch wenn die Schwere der Erkrankung dies alleine nicht fordern würde.

Wir müssen uns vor Augen halten, daß die Dauer einer frustranen Behandlung bei depressiven Patienten die krankheitsbedingten Risiken wie Suizidalität fördert, da die in der Depression verbleibenden Hoffnungsschimmer bald einem unbeeinflußbaren Pessimismus Platz machen werden.

8 Die Stellung des Amitriptylinoxids in der Reihe der Antidepressiva

Ein neueres Antidepressivum ist das Amitriptylinoxid (Equilibrin) (Abb. 6), und es ist zu prüfen, ob dieses Medikament eine Bereicherung der Behandlungsmöglichkeiten bei Depressionen darstellt. Amitriptylinoxid (Equilibrin) ist seit 8 Jahren in der Bundesrepublik Deutschland im Handel. Amitriptylinoxid gehört zu den trizyklischen Antidepressiva.

Das Amitriptylinoxid ist jedoch schon seit längerer Zeit bekannt, da es bei der Metabolisierung von Amitriptylin in untergeordneter Konzentration vorkommt (Tab. 6).

Tab. 6: Bekannte Metabolite des Amitriptylins

a)	Nortriptylin		=	Desmethylamitriptylin
b)	Cis	— 10 — OH	—	Amitriptylin
c)	Trans	— 10 — OH	—	Amitriptylin
d)	Cis	— 10 — OH	—	Nortriptylin
e)	Trans	— 10 — OH	—	Nortriptylin
f)	Desmethylnortriptylin			
g)	Amitriptylin-N-Oxid			

Abb. 6: Strukturformeln »klassischer« trizyklischer und tetrazyklischer Antidepressiva

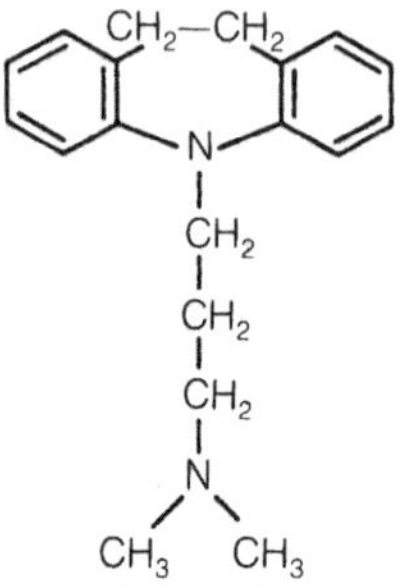

Imipramin
(Tofranil®)

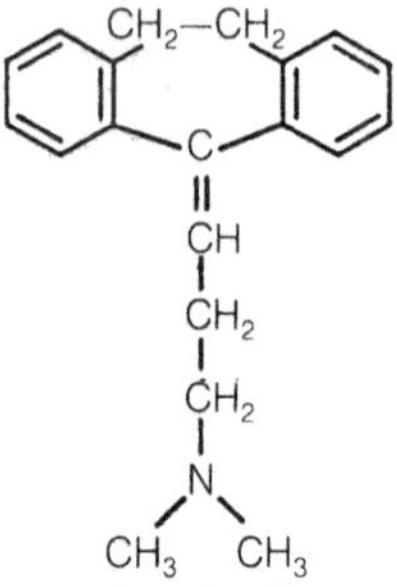

Amitriptylin
(Saroten® u.a.)

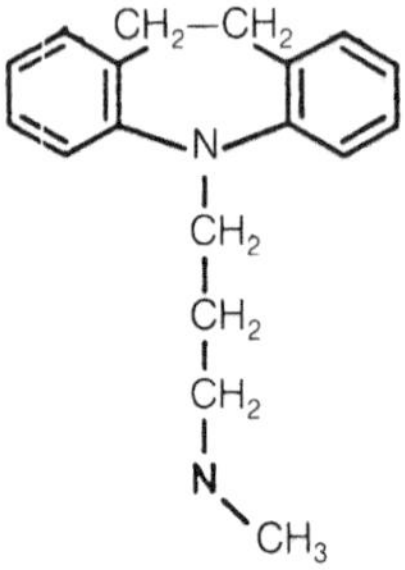

Desipramin
(Pertofran®)

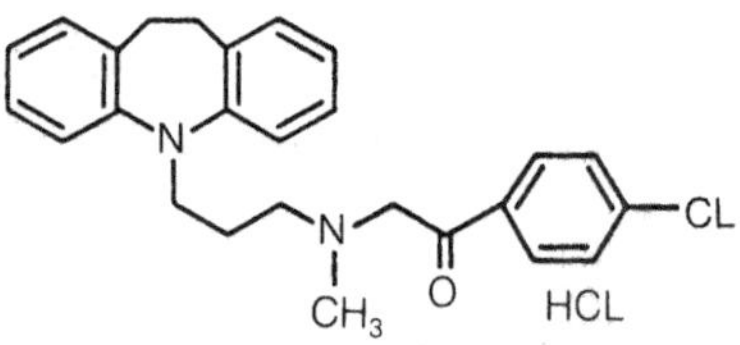

Lofepramin (Gamonil®)

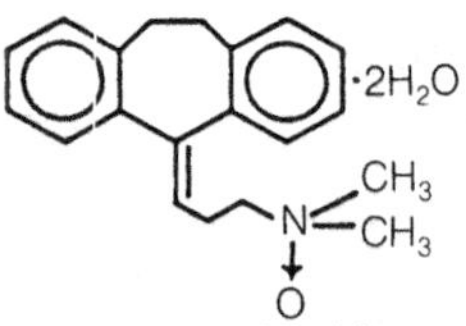

Amitriptylinoxid
(Equilibrin®)

tetrazyklischen Antidepressiva

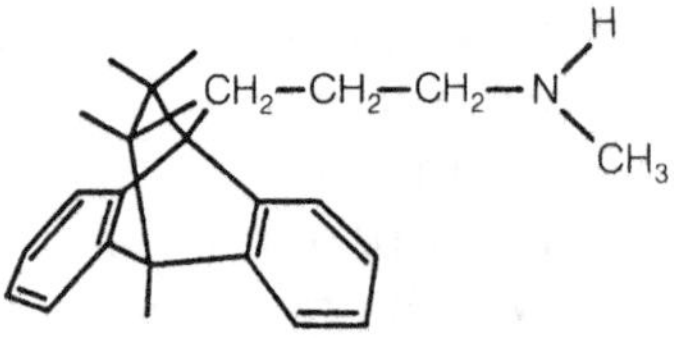

Maprotin (Ludiomil®)

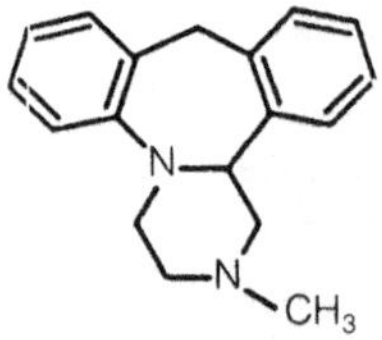

Mianserin (Tolvin®)

Als Antidepressivum selbst wurde es jedoch lange Zeit nicht synthetisiert und untersucht.
Die trizyklischen Antidepressiva sind chemisch eine recht homogene Gruppe von Substanzen. Sie sind den Phenotiazinen ähnlich.
Es stellt sich berechtigterweise die Frage, welchen Stellenwert in der Reihe der uns zur Verfügung stehenden Antidepressiva Amitriptylinoxid hat, denn es sind in Deutschland schon mehr als zwei Dutzend Medikamente mit ähnlicher Struktur auf dem Markt, von denen mit mehr oder weniger Berechtigung behauptet werden kann, daß sie antidepressiv wirken.
Aufgrund der Vielzahl der angebotenen Thymoleptika ist nicht mehr zu erwarten, daß der Arzt, auch wenn er sich häufig mit psychopharmakologischer Depressionsbehandlung befaßt, aus eigener Erfahrung Vor- und Nachteile aller dieser Mittel beurteilen kann.

8.1 Pharmakologie

8.1.1 Noradrenalin- und Serotoninstoffwechsel

Bei allen Antidepressiva interessiert entsprechend den Hypothesen der endogenen Depressionen vornehmlich deren Einfluß auf den Noradrenalin- und Serotoninstoffwechsel.
So wurde die Wirkung der trizyklischen Antidepressiva ursprünglich nur mit einem Eingriff in diesen Monoaminstoffwechsel in Zusammenhang gebracht. Es sollte zu einer Verstärkung der Wirkung der Monoamine kommen, indem sie die Rückführung in die präsynaptischen Speicher und damit ihre Inaktivierung verhindern (Axelrod et al., 1961; Hertting et al., 1961; Sigg et al., 1963; Glowinsky et al., 1966; Carlsson, 1970). Dies zeigt sich auch in der Aufhebung der Reserpinsedation durch Gabe trizyklischer Antidepressiva, da das durch Reserpin freigesetzte Noradrenalin länger im synaptischen Spalt verweilt (»Reserpinumkehr«) (Sigg et al., 1965). Im Vergleich zum Amitriptylin bewirkt Amitriptylinoxid in vitro eine wesentlich schwächere

Tab. 7: Neuropharmakologische Profile von Amitriptylin, Nortriptylin und deren wichtigster Metabolite, die Serotonin-Wiederaufnahmehemmung (5-HT-Aufnahme), die Noradrenalin-Wiederaufnahmehemmung (NA-Aufnahme) und den Acetylcholin-Antagonismus (ACH-Antagonismus) betreffend
IC 50 µM = Konzentration der Substanz, bei der eine halbmaximale Aufnahmehemmung bzw. Antagonisierung erfolgt (aus: HYTTEL, 1980).

	5-HT-Aufnahme an Thrombozyten IC_{50} µM	NA-Aufnahme an der Maus-Atria IC_{50} µM	ACH-Antagonismus am Ileum IC_{50} µM
Amitriptylin	0.30	0.13	0.12
Nortriptylin	1.5	0.029	0.45
Desmethylnortriptylin	0.78	0.91	1.8
cis-10-OH-Amitriptylin	12	0.36	0.84
trans-10-OH-Amitriptylin	4.8	0.41	0.85
cis-10-OH-Nortriptylin	12	0.18	3.2
trans-10-OH-Nortriptylin	5	0.13	1.3
Amitriptylin-N-Oxid	19	18	1.9

Wiederaufnahmehemmung von Noradrenalin und Serotonin (BERTILSSON et al., 1979; HYTTEL et al., 1980) (siehe Tab. 7).

Amitriptylinoxid und Amitriptylin beeinflussen im Tierexperiment nicht nachweisbar die MHPG-Konzentrationen im Gehirn, wobei jedoch nach einer höheren Dosierung von Amitriptylinoxid (50 mg/kg) die Konzentrationen des Noradrenalins im Gehirn der Ratten anstiegen, während bei niedriger Dosierung (5 mg/kg) die Noradrenalinkonzentrationen sanken.

Die Serotoninkonzentrationen im Gehirn der Versuchstiere veränderten sich weder bei Gabe von Amitriptylin noch bei Gabe von Amitriptylinoxid, obwohl durch Amitriptylinoxid und Amitriptylin serotonerge Erregungsübertragung gehemmt wird (MAI et al.,1982).

8.1.2 Dopaminstoffwechsel

Eine Blockade dopaminerger Rezeptoren durch trizyklische Antidepressiva wurde in höheren Dosierungen beschrieben (KELLER et al., 1979), so daß neuroleptikaähnliche Wirkungen und Nebenwirkungen bei hoher Dosierung und chronischer Behandlung mit trizyklischen Antidepressiva im Einzelfall beobachtet werden können.
Nicht nur bei wahnhaften Depressionen werden Veränderungen des zentralen Dopaminstoffwechsels diskutiert. Hier zeigen mehrere Untersucher, daß die Kombination von Neuroleptika und Antidepressiva einer Behandlung mit Antidepressiva alleine überlegen sein kann (BALDWIN et al., 1988). Zumindest bei dieser Form der Depressionen könnten also Veränderungen des Dopaminstoffwechsels diskutiert werden, nachdem eine Hemmung der dopaminergen Erregungsübertragung durch die zusätzliche Gabe von Neuroleptika von Vorteil sein kann.
Untersuchungen über die Wirkung hoher Antidepressivakonzentrationen im Vergleich zu niedrigen Konzentrationen oder zum Amitriptylinoxid speziell existieren zu dieser Fragestellung nicht.

8.1.3 Anticholinerge Wirkung

Bei der Behandlung mit trizyklischen Antidepressiva wird von den Patienten häufig über Nebenwirkungen geklagt, die mit der atropinartigen (anticholinergen) Wirkung dieser Medikamente in Zusammenhang stehen. Typische, anticholinerge Nebenwirkungen sind: Tachykardien, Mundtrockenheit, Obstipation, Miktions- und Akkomodationsstörungen, orthostatische Beschwerden und — bei

Abb. 7: Anticholinerge Potenz einiger Antidepressiva*
(Prozentuale Immobilisation des Meerschweinchenileums)

Amitriptylin	7.2
Imipramin	2.0
Doxepin	1.6
Clomipramin	1.2
Desimipramin	0.6

↑ »Delirogene Potenz«

(Atropin = 100 %)

* tierexperimentelle Befunde (nach Fjalland et al., 1977)

höherer Dosierung — Verwirrtheit bis zum pharmakogenen Delir. Im pharmakologischen Test kann die parasympatholytische Wirkung am Muskarinrezeptor verschiedener trizyklischer Antidepressiva verglichen werden (Abb. 7).

Beim Amitriptylinoxid wurden nur ganz geringe atropinartige Wirkungen festgestellt (Leuschner et al., 1978), wie ebenfalls für das Imipraminoxid.

8.1.4 Antihistaminerge Wirkung

Wie alle Phenothiazine so besitzen auch die trizyklischen Antidepressiva eine antihistaminerge Wirkung (Vernier et al., 1962; Sulser et al., 1978). Über H-1- und H-2-Rezeptorblockade wird den trizyklischen Antidepressiva eine gastroprotektive Wirkung zugeschrieben und auch beim Amitriptylinoxid nachgewiesen (Sieck et al., 1978).

8.1.5 Rezeptorbindungsstudien

Die Affinität des Amitriptylinoxids zu verschiedensten Rezeptoren wurde im Vergleich zu anderen Antidepressiva 1985 dargestellt (Borbe und Zierenberg, 1985).
Hier zeigte sich vor allem, daß Amitriptylinoxid, wie auch andere trizyklische Antidepressiva, keinen Effekt bei Benzodiazepin- und Opiatrezeptoren zeigt, während alpha-adrenerge Rezeptoren, beta-adrenerge Rezeptoren, Dopaminrezeptoren, Serotoninrezeptoren und muskarinische Azetylcholinrezeptoren in unterschiedlichem Ausmaß mit Antidepressiva reagieren.
Für die meisten der untersuchten Rezeptoren zeigte Amitriptylinoxid eine geringere Affinität als Amitriptylin.
In einem Vergleich mit einer Reihe anderer Antidepressiva zeigte Amitriptylinoxid hinsichtlich der Muskarin-Azetylcholin-Rezeptorbindung die schwächste Affinität. Die Affinität des Amitriptylinoxids zu Alpha-Rezeptoren beträgt etwa $^1/_{60}$ der Affinität von Amitriptylin, was nach Meinung der Autoren die geringen Nebenwirkungen dieser Substanz erklären soll (Borbe & Zierenberg, 1985).

8.2 Toxikologie

Im Vergleich zum Amitriptylin zeigte sich bei einmaliger Gabe an Mäuse und Ratten eine geringe Toxizität. Wiederholte Verabreichungen von 30 mg Amitriptylin pro kg und Tag bewirkte bei Hunden erste Unverträglichkeitserscheinungen wie Erbrechen, die bei Dosiserhöhungen in zentralnervöse Symptome übergingen, was im Hinblick auf vergleichbare Dosierungen von Amitriptylinoxid nicht aufgetreten ist (Friehe und Fontaine, 1978).
In Tabelle 8 sind die Konzentrationen von Amitriptylinoxid und der Metabolite angegeben, die bei einem Patienten meßbar waren, der mit einem pharmakogenen Delir in die Psychiatrische Klinik der Universität München eingewiesen wurde.

Tab. 8: Substanzkonzentration eines Patienten im pharmakogenen Delir nach Einnahme von ca. 60 Tbl. Equilibrin 60

	im Plasma (ng/ml)	in Erythrozyten (ng/ml)
Amitriptylinoxid	1810	322
Amitriptylin	140	250
Nortriptylin	73	148
Desmethylnortriptylin	7	16
cis-OH-Amitriptylin	18	26
trans-OH-Amitriptylin	46	115
trans-OH-Nortriptylin	52	141

Da die Amitriptylin und die Nortriptylinkonzentrationen bei diesem Patienten in einem Bereich lagen, der üblicherweise als therapeutisch angesehen wird, sind die zentralnervösen Erscheinungen (Delir) am ehesten mit der Amitriptylinoxidkonzentration in Zusammenhang zu bringen.
Bei Einnahme der gleichen Menge Amitriptylin selbst (3,6 g) wären Plasmakonzentrationen von ca. 450 ng/ml Amitriptylin und 233 ng/ml Nortriptylin entsprechend der unterschiedlichen Bioverfügbarkeit zu erwarten gewesen (siehe Kapitel 8.3: Kinetik des Amitriptylinoxids).
Mit den unterschiedlichen kinetischen Eigenschaften ist daher am ehesten die scheinbar geringere Toxizität des Amitriptylinoxid im Vergleich zum Amitriptylin, wie in den tierpharmakologischen Untersuchungen dargestellt, zu erklären.
Teratogene Effekte des Amitriptylinoxids wurden weder bei Kaninchen, Ratten oder Hunden festgestellt, ebenso waren keine Hinweise zu finden, daß Amitriptylinoxid über ein Abhängigkeitspotential verfügt oder als Ersatz für abhängig machende Drogen akzeptiert wird (Hund, Affe) (FRIEHE und FONTAINE, 1978).

8.3 Kinetik des Amitriptylinoxids

Trizyklische Antidepressiva sind lipophile Substanzen und werden in der Regel schnell und nahezu vollständig über den Gastrointestinaltrakt resorbiert (Alexanderson, 1972; Britton et al., 1978). Amitriptylinoxid ist im Vergleich zum Amitriptylin weniger basisch und hydrophiler, wodurch sich dessen schnellere Resorption im Darm erklärt. Trizyklische Antidepressiva binden stark an Protein (Proteinbindung zwischen 90 und 95 %) in der Peripherie, so daß davon ausgegangen werden muß, daß nur 5 — 10 % der in der Peripherie meßbaren Konzentrationen in das ZNS gelangen.
Alle Antidepressiva unterliegen einem ausgeprägten First-Pass-Effekt (= initiale Verstoffwechselung in der Leber bei derem ersten Durchfluß), so daß die Bioverfügbarkeit der initial zugeführten Substanz (Muttersubstanz) je nach Antidepressivum zwischen 30 und 80 % variiert (Alexanderson, 1972).
Amitriptylinoxid selbst wird schnell zu Amitriptylin reduziert. Ein Vorgang, der sich nicht nur in der Leber, sondern auch in anderen Geweben und im Vollblut abspielt (Sassim und Kuss, 1982).
Amitriptylinoxid wird im Gegensatz zu Amitriptylin gut renal ausgeschieden.
Auch nach Gabe von Amitriptylin tritt Amitriptylinoxid in sehr geringer Konzentration im Plasma auf. Im Vergleich zu den anderen Metaboliten hat es eine zu vernachlässigende Wirkung auf die neuronalen Systeme (Hyttel, 1980) (siehe Tab. 4).
Gibt man das Amitriptylinoxid selbst als Medikament, so wird die klinische Wirkung hauptsächlich durch seine Reduktion zum Amitriptylin erreicht (Bickel, 1980). Nur etwa 15 % des Oxids werden unverändert ausgeschieden (Breyer-Pfaff et al., 1978). Die Plasmakonzentrationen sind initial sehr hoch, so daß eine Eigenwirkung nicht gänzlich ausgeschlossen werden kann.
Radioaktiv markiertes Amitriptylinoxid wird nach einmaliger oraler Gabe (25 mg 14 C-Aminox) schnell und nahezu vollständig resorbiert (Midgley et al., 1978). Die höchste Konzentration der Radioaktivität

Tab. 9a: Pharmakokinetische Daten des Amitriptylins nach Akutgabe von 50 mg Amitriptylinoxid oder 50 mg Amitriptylin
(GM = geometrisches Mittel; SD = Standardabweichung; t_v = Zeit bis zum Nachweis der Substanz; $t_{1/2}$ abs. = Absorptionshalbwertzeit; $_{1/2}$ elim. = Elimationshalbwertzeit; $t_{max.}$ theor. = Zeitpunkt der maximalen Plasmakonzentration; $C_{max.}$ theor. = maximale Plasmakonzentration; C_o = fiktive Anfangskonzentration)

Proband-Nr.	t_v (h)	$t_{1/2}$ abs. (h)	$t_{1/2}$ elim. (h)	$t_{max.}$ theor. (h)	$C_{max.}$ theor. (µg/l)	C_o (µg/l)
1	0.83	0.29	1.96	0.94	507	708
2	0.39	0.38	2.00	1.13	331	490
3	0.50	0.28	1.51	0.83	466	680
4	0.43	—	1.96	—	—	1090
5	0.98	0.30	1.48	0.86	394	589
6	0.44	0.19	1.22	0.61	620	875
7	0.23	0.71	1.01	1.22	357	824
8	0.47	0.16	1.99	0.63	416	518
9	0.71	0.21	1.08	0.61	801	1189
10	0.48	0.33	1.19	0.85	673	1106
11	0	0.55	1.44	1.24	460	832
GM	0.51	0.31	1.49	0.86	483.8	777
GM—2SD	0.22	0.12	0.76	0.50	273.4	423
GM+2SD	1.12	0.78	2.14	1.50	855.9	1426

Tab. 9b: Pharmakokinetische Daten des Amitriptylins nach Akutgabe von 50 mg Amitriptylinoxid oder 50 mg Amitriptylin
(GM = geometrisches Mittel; SD = Standardabweichung; t_v = Zeit bis zum Nachweis der Substanz; $t_{1/2}$ abs. = Absorptionshalbwertzeit; $_{1/2}$ elim. = Elimationshalbwertzeit; $t_{max.}$ theor. = Zeitpunkt der maximalen Plasmakonzentration; $C_{max.}$ theor. = maximale Plasmakonzentration; C_o = fiktive Anfangskonzentration)

Proband-Nr.	t_v (h)	$t_{1/2}$ abs. (h)	$t_{1/2}$ elim. (h)	$t_{max.}$ theor. (h)	$C_{max.}$ theor. (µg/l)	C_o (µg/l)
1	0	0.8	22.8	4.1	12.8	14.1
2	0	3.4	6.8	6.8	14.9	29.7
3	0	2.4	14.4	7.6	15.1	21.8
4	0.6	1.3	14.0	4.9	19.4	24.6
5	0	0.9	12.0	3.6	28.9	35.6
6	0.5	1.9	12.8	6.3	11.4	15.9
7	0.9	0.6	7.8	2.4	11.5	14.2
8	0.5	2.6	10.1	6.9	19.1	30.7
9	0.5	0.5	6.6	2.0	39.7	48.7
10	1.0	1.5	4.5	3.5	21.1	40.5
11	0.4	1.8	9.1	5.2	35.4	52.5
GM	0.59	1.36	10.0	4.4	19.0	27.1
GM—2SD	0.32	0.39	4.1	1.8	8.0	10.5
GM+2SD	1.12	4.76	24.8	10.8	45.6	69.6

im Plasma ist nach 1—2 Stunden erreicht. Zu diesem Zeitpunkt fallen 75 % der Radioaktivität auf unverändertes Amitriptylinoxid, und 73 — 87 % der Plasmaradioaktivität ist an Protein gebunden.
Die Plasmakonzentration von Amitriptylinoxid fällt mit einer Halbwertzeit von etwa zwei Stunden ab. Amitriptylinoxid und seine Metabolite werden dabei fast ausschließlich über die Nieren eliminiert. Im Verlauf von 6 Tagen werden nur 3 — 7 % mit den Faeces ausgeschieden (Midgley, 1978).
In den ersten 12 Stunden nach Einnahme von Amitriptylinoxid konnte in Urin neben der unveränderten Substanz ein bisher nicht beschriebener Metabolit, das 10-OH-Amitriptylin-N-Oxid, als einziger Metabolit von Bedeutung nachgewiesen werden.
In einer späteren Phase der Metabolisierung wurden außerdem 10-OH-Nortriptylin und in geringer Menge 10-OH-Amitriptylin gefunden.
Der Ausscheidungsverlauf von Amitriptylinoxid und seiner Metabolite weist darauf hin, daß der Stoffwechsel von Amitriptylinoxid die Hydroxylierung in 10-Stellung, die N-Oxid-Reduktion und die Demethylierung umfaßt (Midgley, 1978).
Die Untersuchungen von Melzacka (1983) bei Tieren zeigten nach Gabe von Amitriptylinoxid, daß die Konzentration der Substanz selbst im Plasma höher ist als die Amitriptylinkonzentration, während im Hirngewebe der Tiere Amitriptylin in relativ höherer Konzentration vorkommt.
Wir untersuchten die Bioverfügbarkeit, die Plasmakonzentrationen, die Zeit nach oraler Applikation bis zum Nachweis der Substanzen im Blut bei gesunden Versuchspersonen vom Amitriptylinoxid und vom Amitriptylin (Kuss et al., 1985) und kamen zu den Ergebnissen, daß bei Gabe von Amitriptylin die Absorptionshalbwertzeit ca. 1,4 Stunden betrug, während nach Gabe von Amitriptylinoxid die Substanz nach einer Halbwertzeit von 30 Minuten nachweisbar war (Tab. 9).

Die Bioverfügbarkeit des aktiven Metaboliten Amitriptylin nach Gabe von Amitriptylinoxid war nur 37 % verglichen mit der Amitriptylingabe selbst. Ähnliche Größen wurden für Nortriptylin — einem

Tab. 10: Flächen unter den Konzentrations-Zeit-Kurven von Amitriptylin (AMI), Nortriptylin (NOR) und Amitriptylinoxid (AX) nach Gabe von 50 mg Amitriptylin oder 50 mg Amitriptylinoxid im menschlichen Plasma

Akutgabe von	50 mg Amitriptylin				50 mg Amitriptylin-N-Oxid					
Proband Nr.	NOR (1) 0—24	AMI (1) 0—24	AMI (1) 0—00	AMI (2) 0—00	Nor (1) 0—24	AMI (1) 0—24	AMI (1) 0—00	AMI (2) 0—00	AX (1) 0—00	AX (2) 0—00
1	134.3	233.2	483	471	52.1	193.9	284	259	1888	2001
2	250.8	249.9	294	291	77.0	72.4	93	92	1514	1412
3	49.1	281.6	468	453	66.5	115.1	144	131	1595	1483
4	269.0	309.3	572	502	55.7	135.0	143	158	2189	3089
5	37.0	390.5	615	614	43.6	120.0	132	329	1660	1257
6	42.9	195.6	308	294	—	79.7	179	144	1589	1542
7	141.4	158.8	194	162	20.1	145.7	244	229	1238	1200
8	112.5	290.6	421	445	36.6	51.2	84	87	1558	1488
9	103.0	253.1	412	464	7.4	47.7	58	75	2013	1847
10	133.0	273.2	299	265	31.8	121.4	169	219	2012	1904
11	106.1	476.3	589	691	36.4	90.6	98	73	1813	1734
GM	105	271	401	393	36.4	98.2	134	144	1713	1665
GM-2SD	28	149	195	169	9.3	40.9	52	50	1236	984
GM+2SD	389	366	823	915	142.1	235.8	344	414	2374	2817

(1) mit der Trapezregel berechnet · (2) theoretisch berechnet ($AUC = Co/k_{elim}$)
GM = geometrischer Mittelwert · SD = Standardabweichung

weiteren wichtigen Metaboliten bei der Behandlung mit Amitriptylin oder Amitriptylinoxid — erhalten.
Die Nortriptylinkonzentration nach Gabe von Amitriptylinoxid war nur 35 % verglichen mit der Gabe von Amitriptylin. Betrachtet man also die Konzentrationen der zwei wichtigsten Metabolite — Amitriptylin und Nortriptylin — so sind im peripheren Blut nach Gabe von Amitriptylinoxid ca. 65 % weniger nachweisbar als nach Gabe des Amitriptylin selbst (siehe Tab. 10).

Dies mag als Erklärung für die geringeren peripheren Nebenwirkungen nach Gabe des Amitriptylinoxids dienen, während klinisch-therapeutisch Äquivalenz zum Amitriptylin besteht (PLATZ und BARTSCH, 1984).
In unserer Untersuchung (KUSS et al., 1985) erreichen die Plasmakonzentrationen aller Metabolite nach der Applikation von Amitriptylin signifikant höhere Werte. Auch stabilisieren sich die Plasmakonzentrationswerte von Amitriptylin und aller Metabolite auf wesentlich höherem Niveau nach Gabe von Amitriptylin als nach Gabe von Amitriptylinoxid (siehe Tab. 10).
Gleiche Ergebnisse wurden im Tierexperiment von MELZACKA und DANEK (1983) erhalten.
Zwar wird Amitriptylinoxid schneller resorbiert als Amitriptylin (KUSS et al., 1985), dennoch bereitet es Schwierigkeiten, die gute klinische Wirkung des Amitriptylinoxids im Vergleich zum Amitriptylin selbst mit diesen kinetischen Besonderheiten zu erklären, da nach allgemeiner klinischer Überzeugung innerhalb eines bestimmten Dosisbereiches niederere Wirkstoffkonzentrationen eher mit einer geringeren therapeutischen Wirkung in Verbindung gebracht werden. Interessant und von Bedeutung könnten in diesem Zusammenhang Befunde zu Konzentrationen der Substanzen am Rezeptor im Gehirn sein, welche 1984 publiziert wurden. Demnach erreicht man nach Gabe von Amitriptylinoxid dem Amitriptylin vergleichbar hohe Konzentrationen an den Rezeptoren im Gehirn (BORBE und MÜLLER, 1984). MELZACKA und DANEK (1983) fanden höhere Amitriptylinkonzentrationen im Gehirn von Ratten nach chronischer Applikation von Ami-

Abb. 8: Plasmaspiegel von Amitriptylin-N-oxid (AMINOX) (●), Amitriptylin (○), Nortriptylin (Δ) im Steady-state nach Gabe von tägl. 1 × 120 mg Amitriptylinoxid

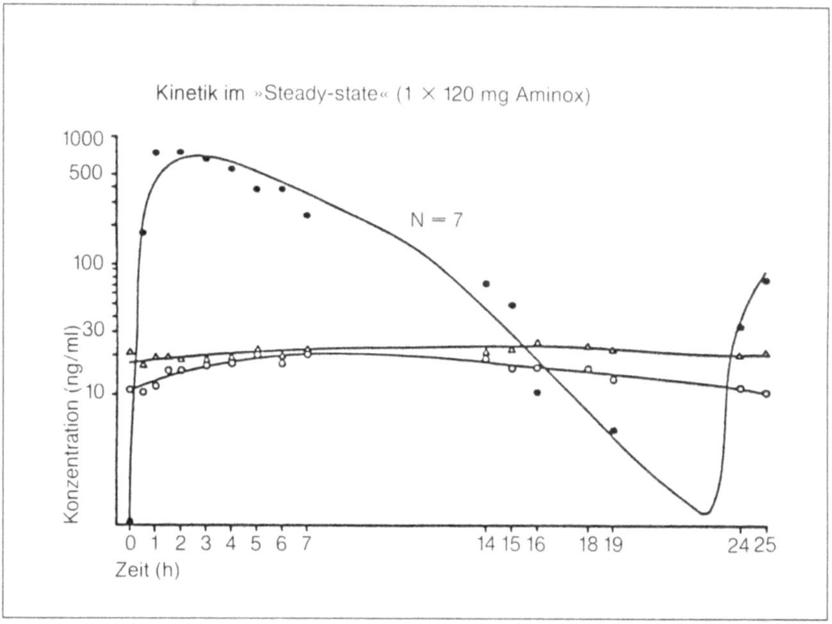

triptylinoxid, jedoch waren die Konzentrationen des Wirkstoffes nach Amitriptylinoxidgabe konstanter.
Auch zeigte sich in unseren Untersuchungen zum therapeutischen Vergleich zwischen Amitriptylin und Amitriptylinoxid, daß bei Gabe von Amitriptylinoxid ein günstigeres Verhältnis der Metabolite zur Muttersubstanz Amitriptylin erfolgte, was möglicherweise die klinische Wirkung verbessert (Jungkunz und Kuss, 1982).
In einer weiteren Untersuchung prüften wir die Kinetik von Amitriptylinoxid im Steady-state und verglichen dabei auch eine Einmalgabe von Amitriptylinoxid mit einer zweimaligen Applikation.
Wie aus den Abbildungen 8 und 9 zu ersehen ist, war der Konzentrationsverlauf der beiden wichtigsten Metabolite des Amitriptylin-

Abb. 9: Plasmaspiegel von Amitriptylinoxid (●), Amitriptylin (○), Nortriptylin (△) im Steady-state nach Gabe von tägl. 2 × 60 mg Amitriptylinoxid

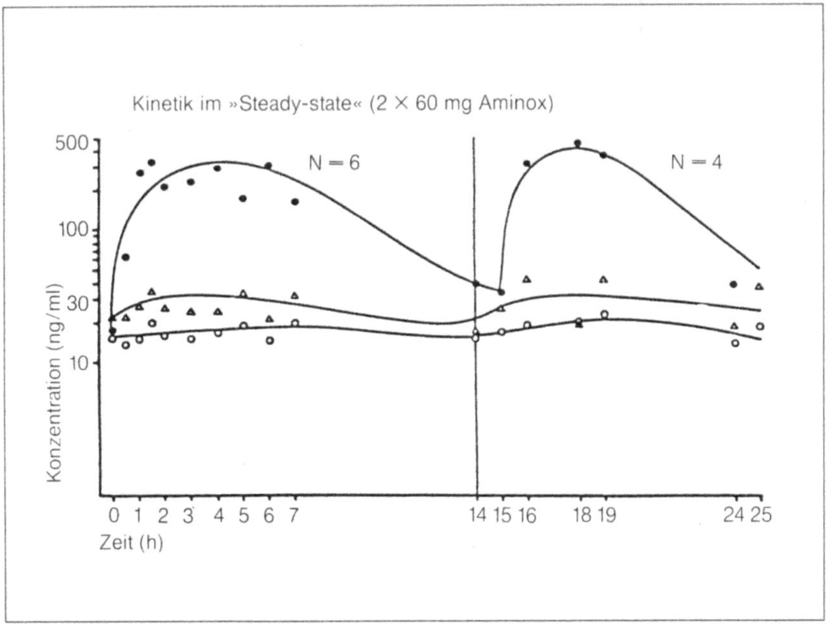

oxids (Amitriptylin und Nortriptylin) bei Einmalgabe oder bei zweimaliger Gabe annähernd gleich, während Amitriptylinoxid aufgrund seiner kurzen Halbwertzeit unterschiedliche Konzentrationsverläufe zeigte.

Entsprechend dieser kinetischen Befunde dürfte es für die Behandlung depressiver Patienten von untergeordneter Rolle sein, ob Amitriptylinoxid einmal täglich oder mehrmals täglich verordnet wird, da die peripheren Konzentrationen des Amitriptylinoxids kaum Einfluß auf die beklagten Nebenwirkungen ausüben und die Konzentrationen von Amitriptylin und Nortriptylin trotz unterschiedlicher Applikationsweisen vergleichbar waren.

Bei den klassischen (lipophilen) trizyklischen Antidepressiva werden Halbwertzeiten in der Regel zwischen 15 und 50 Stunden angegeben (Eschendorf und Rieder, 1969; Jörgensen et al., 1976; Gupta und Molnar, 1979; Hollister, 1981). Die Halbwertzeit des hydrophileren Amitriptylinoxids ist, wie eben dargestellt, wesentlich kürzer (bis 2 Stunden), wobei jedoch nicht außer acht gelassen werden kann, daß nach Reduzierung des Amitriptylinoxids zum Amitriptylin und weiterer Metabolisierung die kinetischen Daten dieser Metabolite berücksichtigt werden müssen. Dies ist vor allem bei der Behandlung älterer Patienten von Bedeutung, bei denen aufgrund verminderter Aktivität der mikrosomalen Enzyme mit verlängerten Halbwertzeiten zu rechnen ist (Nies et al., 1977). Weiterhin gibt es deutliche Hinweise, daß bei der Behandlung mit trizyklischen Antidepressiva infolge Absättigung der demethylierenden und hydroxylierenden Enzymaktivität bei Dosissteigerungen keine lineare Kinetik mehr zu beobachten ist, so daß teilweise schon bei täglichen Dosierungen von 150 mg oder mehr einige Patienten toxische Konzentrationen erreichen können (Kuss und Jungkunz, 1986).

8.4 Klinische Untersuchungen

In mehr als 30 klinischen Studien wurde Amitriptylinoxid geprüft. Fast 4000 Patienten nahmen an diesen Untersuchungen teil.
Nachdem in offenen Prüfungen zumeist die schnelle Wirkung und die gute Verträglichkeit des Amitriptylinoxids herausgestellt wurde (Kugler, 1978; Schröder, 1978; Nadjafi, 1981; Seefried, 1982) und dies auch bei der Auswertung von zwei Multicenter-Studien betont wurde (Nadjafi, 1981; Harrer und Beinroth, 1983), muß erst geprüft werden, ob dieser »erste Eindruck« in kontrollierten Untersuchungen bestätigt werden kann.
Eine Übersicht kontrollierter Studien mit Amitriptylinoxid ist in Tabelle 11 gegeben.

Tab. 11: Kontrollierte Untersuchungen mit Amitriptylinoxid

Autor	Jahr d. Publ.	Anzahl d. Pat.	Dauer d. Beh. (Tage)	Dosierung in mg/die	Referenz-substanz	Ergebnisse
Dencker	1971	40	28	bis 200	AMI	NW:AMINO<AMI KL: AMINO=AMI
Godt	1971	36	28	bis 200	AMI	NW:AMINO<AMI KL:AMINO<AMI
Rapp	1978	43	56	150	AMI	NW:AMINO<AMI KL:AMINO=AMI schnellere Wirkung
Borromei	1982	43	30	100—160 100—125	AMINO IMI IMI	NW:AMINO<IMI KL:AMINO schneller IMI
Cassano	1983	40	28	40—200 75—225	AMINO AMI	NW:AMINO=AMI KL:AMINO=AMI AMINO schneller
Platz	1984	45	28	bis 300	AMI	NW:AMINO<AMI KL:AMINO=AMI '
Jungkunz	1984	43	28	150	AMI	NW:AMINO=AMI* KL:AMINO-AMI
Hebenstreit	1985	47	28	120—180	AMI	NW:AMINO<AMI KL:AMINO=AMI

AMINO = Amitriptilinoxid; AMI = Amitriptylin; NW = Nebenwirkungen; KL = klinische Wirkung; < = weniger; > = besser;
* = in Subscores: AMINO > AMI

Trotz einiger methodischer Unterschiede der einzelnen Untersuchungen läßt sich aus diesen klinischen Studien zumindest die Schlußfolgerung ableiten, daß Amitriptylinoxid in seiner therapeutischen Wirkung vergleichbar dem klassischen Antidepressivum Amitriptylin ist, wobei in 3 Studien der schnellere Wirkungseintritt des Amitriptylinoxids betont wird und in 6 der 8 Untersuchungen eine geringere Nebenwirkungsrate unter der Therapie mit Amitriptylinoxid beschrieben wird.
In unserer Untersuchung versuchten wir, die differentiellen Wirkungen dieser beiden Antidepressiva besonders darzustellen, und bestimmten während des Untersuchungsverlaufes zum ersten Mal alle bedeutenden Metabolite der verwendeten Substanzen (KUSS et al., 1984; BETZLER-FRANKE, 1988; JUNGKUNZ et al., 1984).
Diese Untersuchung wurde als bizentrische Studie an den Psychiatrischen Kliniken der Universitäten München und Mainz durchgeführt. Die Dosierung für Amitriptylin oder Amitriptylinoxid betrug 150 mg/die. Die Untersuchung wurde unter Doppelblindbedingungen durchgeführt.

Tab. 12: Anzahl der Patienten in den einzelnen Behandlungsgruppen, welche gut, mittel oder gar nicht auf die Behandlung ansprachen

	Amitriptylin		Amitriptylin-N-Oxid	
	N	%	N	%
Responder	5	25	11	47,8
mäßige Resp.	7	35	4	17,4
Non-Resp.	8	40	8	34,8
Summe	20	100	23	100

N = Anzahl der Patienten

Insgesamt konnten die Daten von 43 Patienten ausgewertet werden, wobei sich hinsichtlich der Zuordnung zu den Behandlungsgruppen keinerlei Unterschiede der Patientenvariablen zeigten.
Die Erfolgskriterien, nach denen der Behandlungsverlauf beurteilt wurde, waren sehr streng gestellt worden, so daß man bei sogenannten Therapierespondern wirklich von einer vollständigen Remission der depressiven Symptomatik ausgehen konnte. Die Zahl der Patienten in den einzelnen Behandlungsgruppen, welche sehr gut (Responder), mäßig (mäßige Responder) oder gar nicht (Non-Responder) auf die Behandlung ansprachen, ist in Tabelle 12 dargestellt.

Abb. 10: Verlauf der Hamilton-Depressions-Scores (HAMD) und der Befindlichkeits-Scores (Bf-S) der zwei Behandlungsgruppen (X + SD)
○ = Amitriptylin ● = Amitriptylinoxid

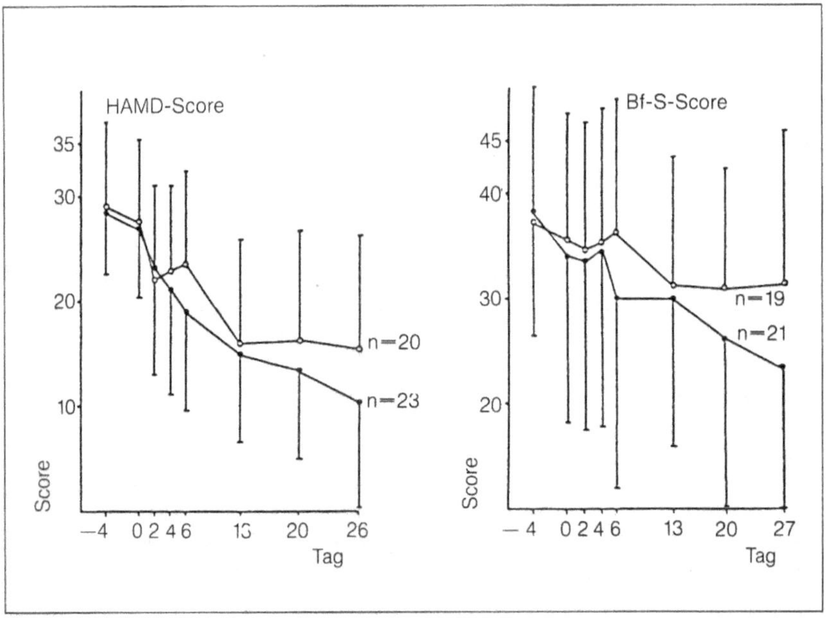

Abb. 11: Plasmaspiegel von Amitriptylin und seiner Metabolite während der Behandlung mit 150 mg/die Amitriptylinoxid oder 150 mg/die Amitriptylin

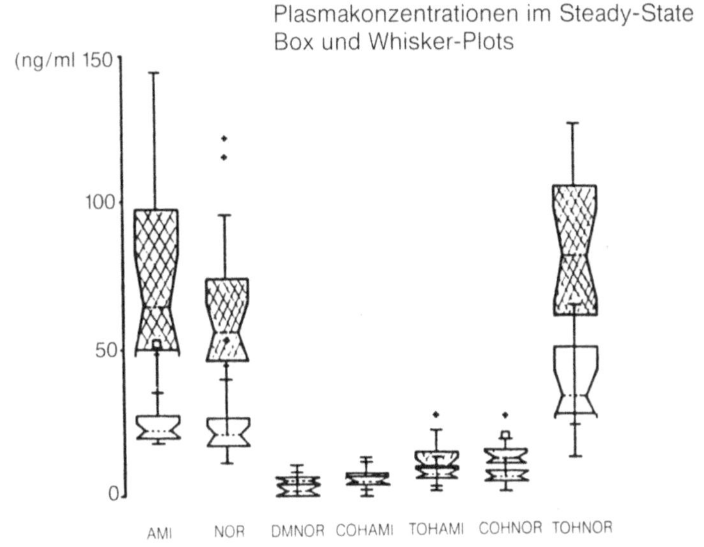

▩ = Amitriptylin-Gruppe, n = 20

□ = Amitriptylinoxid-Gruppe, n = 23

AMI-Amitriptylin, NOR = Nortriptylin, DMNOR = Desmethyl-NOR, COHAMI = cis-Hydroxy-AMI, TOHAMI = trans-Hydroxy-AMI, COHNOR = cis-Hydroxy-NOR, TOHNOR = trans-Hydroxy-NOR

Statistisch zeigt sich hier ein Trend zugunsten der Amitriptylinoxidgruppe.
Entsprechend des Kurvenverlaufes der Depressions-Ratings (Hamilton-Depressions-Scores = Fremdbeurteilung; Befindlichkeits-Scores = Eigenbeurteilung) kann dieses Ergebnis nachvollzogen werden, nach dem zumindest kein gravierender Unterschied der beiden Behandlungsformen aufzuzeigen ist. (Abb. 10).

Tab. 13: Fiktive Serotonin- und Noradrenalinpotenzen der Substanzen und therapeutischer Erfolg

	Serotoninpotenzen (ng/ml)		
	Responder	mäßige Responder	Non-Responder
Desmethylnortriptylin	1,92	1,84	2,0
trans-10-OH-Amitriptylin	0,7	0,68	0,46
cis-10-OH-Amitriptylin	0,7	0,13	0,1
cis-10-OH-Nortriptylin	0,75	0,82	0,83
trans-10-OH-Nortriptylin	1,7	1,8	1,45
Nortriptylin	8,4	10,6	8,6
Amitriptylin	59,5	75,8	40,0
Summe	73,67	91,67	53,44
	Noradrenalinpotenzen		
Desmethylnortriptylin	0,14	0,13	0,14
trans-10-OH-Amitriptylin	0,8	0,77	0,52
cis-10-OH-Amitriptylin	0,5	0,4	0,33
cis-10-OH-Nortriptylin	1,93	2,12	2,15
trans-10-OH-Nortriptylin	15,3	16,06	12,9
Nortriptylin	42,1	53,6	43,6
Amitriptylin	13,1	16,7	8,9
Summe	73,87	89,78	68,54

Im Plasma waren die Konzentrationen der Medikamente und aller nachgewiesenen Metabolite in der Amitriptylinoxidgruppe wesentlich niedriger als in der Amitriptylingruppe (siehe Abb. 11), so daß man konsequenterweise der Frage nachgehen muß, ob nicht niedrigere Antidepressivakonzentrationen — zumindest in der Peripherie — günstiger für die Behandlung sind.
Entsprechend der Plasmakonzentrationen der Metabolite wurden die serotonergen und noradrenergen Aktivitäten aller Substanzen errechnet (Tab. 13).

Es ergaben sich jedoch weder in dieser Hinsicht noch im direkten Zusammenhang mit der Konzentration der einzelnen Substanzen (siehe Tab. 14) Beziehungen zu der klinischen Wirkung dieser Antidepressiva. Signifikante Unterschiede in den Erfolgsgruppen konnten nicht errechnet werden, so daß damit keine Beziehung der klinischen Wirkung der Behandlung zu serotonergen oder noradrenergen Wirkungen der Antidepressiva — zumindest soweit die peripheren Konzentrationen Aufschluß geben — nachzuweisen ist.
Auszuschließen ist jedoch nicht, daß niedrigere Plasmakonzentrationen innerhalb eines gewissen Bereiches von Amitriptylin und höhere Konzentrationen von Cis-10-OH-Amitriptylin eher günstiger für den therapeutischen Erfolg sind, sofern man nur mäßige und gute Responder in die Auswertung einbezieht unter der Prämisse, daß bei jeder Behandlung mit Antidepressiva ein gewisser Prozentsatz an Patienten keine gesundheitliche Besserung aufweist aus Gründen, die nicht mit der Pharmakodynamik der verwendeten Medikamente in Zusammenhang zu bringen sind.
Bei der Gruppe der Amitriptylinoxidpatienten sind die Plasmaspiegel von Amitriptylin signifikant niedriger als bei den Patienten der Amitriptylingruppe, während sich für die Konzentrationen von Cis-10-OH-Amitriptylin keine signifikanten Unterschiede zeigen (siehe Tab. 15).
Dies könnte als kinetische Interpretation der größeren Zahl von »Respondern« bei der Behandlung mit Amitriptylinoxid im Vergleich zum Amitriptylin dienen.

Tab. 14: Mittlere Plasmakonzentrationen von Patienten, die gut (Responder), mittel (mäßige Responder) oder nicht (Non-Responder) nach Gabe von 150 mg Amitriptylin bzw. Amitriptylinoxid im »Steady-state« (Tag 27) ansprachen

	Responder		mäßige Responder		Non-Responder	
	x̄ (ng/ml)	Standard-abweichung	x̄ (mg/ml)	Standard-abweichung	x̄ (mg/ml)	Standard-abweichung
Amitriptylin[*1]	59,6	± 41,7	75,8	± 59,4	40,5	± 19,7
Notriptylin	42,2	± 30,3	53,6	± 35,7	43,6	± 22,5
trans-10-OH-Nortriptylin	69,4	± 46,8	72,7	± 25,6	58,2	± 31,2
cis-10-OH-Nortriptylin	12,0	± 6,7	13,3	± 7,4	13,5	± 6,6
cis-10-OH-Amitriptylin[*2]	6,8	± 3,6	5,3	± 2,7	4,2	± 1,8
trans-10-OH-Amitriptylin	11,5	± 6,3	11,1	± 6,7	7,4	± 4,9
Desmethylnortriptylin	4,6	± 2,6	4,3	± 2,6	4,8	± 2,3

[*1] $p = 0{,}0558$ (Responder und mäßige Responder ohne Berücksichtigung der Non-Responder)
[*2] $p = 0{,}0798$
x̄: Mittelwert

Tab. 15: Mittlere Plasmakonzentrationen der zwei Behandlungsgruppen nach Gabe von 150 mg Amitriptylinoxid bzw. 150 mg Amitriptylin im »Steady-state« (Tag 27), * = $p < 0{,}001$, ungep. t-Test

	Amitriptylin		Amitriptylin-N-Oxyd	
	$\bar{x}$ (ng/ml)	Standardabweichung	$\bar{x}$ (ng/ml)	Standardabweichung
Amitriptylin	83,9	± 47,0	31,4	± 15,9 *
Nortriptylin	63,6	± 29,5	28,8	± 15,6 *
trans-10-OH-Nortriptylin	87,2	± 30,7	45,6	± 26,7 *
cis-10-OH-Nortriptylin	16,1	± 6,8	9,6	± 5,1
cis-10-OH-Amitriptylin	5,8	± 3,4	5,1	± 2,5
trans-10-OH-Amitriptylin	12,2	± 6,5	7,6	± 4,8
Desmethylnortriptylin	5,8	± 2,5	3,2	± 1,1

$\bar{x}$: Mittelwert

Tab. 16: Anzahl der Patienten (obere Ziffern, n), die an den einzelnen Untersuchungstagen (0—27) folgende mittels AMPD erfaßte Syndrome aufwiesen. Die Signifikanzangaben (* p<0.05; ** p<0.02; *** p<0.01) beziehen sich auf die Intensität des Symptoms, wann es zum erstenmal im Vergleich zum Tag 0 = unverändert war.

Medikation		Amitriptylin							Amitriptylinoxid						
Untersuchungstage		0	2	4	6	13	20	27	0	2	4	6	13	20	27
Symptome															
Konzentrationsstörungen	n	17	15	17	15	14	15	10	21	20	19	15	16	16	10
	I.S.	0,48	0,40	0,48	0,42	0,33	0,37	0,25*	0,62	0,50	0,52	0,41	0,43	0,38	0,23***
Merkfähigkeiststörungen	n	12	10	9	7	7	6	4	8	4	5	3	6	3	2
	I.S.	0,33	0,22	,023	0,22	,015*	0,14	0.09	0,24	0,14	0,14	0,08	0,15*	0,10	0,05
Denkhemmung	n	16	11	8	15	8	7	4	11	10	10	9	10	8	3
	I.S.	0,48	0,28	0,23*	0,35	0,20	0,16	0,03	0,30	0,24	0,29	0,27	0,27	0,20	0,11**
verlangsamtes D.	n	13	12	12	14	12	6	7	16	16	14	12	10	8	3
	I.S.	0,40	0,27	0,32	0,30**	0,25	0,14	0,14	0,42	0,39	0,35	0,30	0,27*	0,17	0,09
umständliches D.	n	8	6	11	9	6	7	8	7	7	7	6	4	4	1
	I.S.	0,23	0,17	0,32	0,22	0,17	0,16	0,18	0,18	0,17	0,17	0,16	0,13	0,10	0,05*
Gefühl der G.-losigk.	n	17	12	12	17	9	7	4	17	15	16	14	15	9	6
	I.S.	0,63	0,40	0,43	0,53	0,35*	0,23	0,14	0,53	0,44	0,47	0,44	0,38	0,22**	0,18
St. d. Vitalgefühle	n	17	18	19	18	19	14	14	19	20	21	19	16	14	10
	I.S.	0,67	0,53	0,62	0,57	0,62	0,37	0,35	0,68	0,67	0,68	0,65	0,48	0,37	0,30*
deprimiert	n	19	18	18	19	6	15	9	22	21	20	18	18	14	8
	I.S.	0,73	0,58	0,55	0,60	0,50	0,44	0,30***	0,73	0,67	0,64	0,54	0.45	0,35*	0,26
hoffnungslos	n	17	13	13	13	14	8	7	18	15	14	11	10	10	6
	I.S.	0,52	0,40	0,40	0,43	0,42	0,25*	0,23	0,58	0,45	0,42	0,30*	0,30	0,27	0,19
ängstlich	n	13	13	13	14	12	8	12	18	12	17	9	11	9	7
	I.S.	0,40	0,32	0,38	0,38	0,35	0,26	0,28	0,47	0,33*	0,42	0,25*	0,27	0,20	0,19

innerl. unruhig	n	14	11	9	8	12	7	7	13	11	11	11	11	10	4
	I.S.	0,40	0,27	0,23	0,18	0,32	0,21	0,23	0,36	0,26	0,30	0,27	0,28	0,22	0,11*
Insuff. gefühle	n	15	17	15	16	13	13	8	19	18	15	15	13	13	8
	I.S.	0,58	0,53	0,50	0,50	0,37	0,32	0,19	0,58	0,58	0,42	0,41	0,32	0,37	0,21**
Schuldgefühle	n	12	8	10	10	10	8	5	14	14	11	11	12	9	3
	I.S.	0,43	0,33	0,42	0,37	0,33	0,23	0,14*	0,42	0,39	0,35	0,29	0,30	0,20	0,07***
antriebsarm	n	11	12	13	12	11	7	5	13	11	12	12	6	8	4
	I.S.	0,32	0,32	0,37	0,28	0,25	0,16	0,11	0,35	0,27	0,27	0,29	0,18	0,20	0,11**
antriebsgehemmt	n	15	13	14	13	10	11	9	13	12	15	13	13	8	11
	I.S.	0,48	0,35	0,38	0,35	0,27*	0,26	0,19	0,39	0,38	0,41	0,38	0,37	0,25	0,26
soz. Rückzug	n	13	12	14	9	10	6	5	16	12	13	13	11	8	5
	I.S.	0,38	0,30	0,38	0,28	0,27	0,16	0,16	0,44	0,29	0,35	0,29	0,25	0,18	0,12***
Suizidtendenzen	n	7	4	5	5	1	1	0	6	4	4	5	1	1	1
	I.S.	0,18	0,10	0,15	0,12	0,03*	0,02	0,00	0,12	0,09	0,08	0,11	0,02	0,02	0,02
Libidoverlust	n	15	15	16	11	11	11	6	14	16	11	11	10	10	8
	I.S.	0,52	0,52	0,53	0,37	0,38	0,35	0,23*	0,42	0,47	0,32	0,33	0,30	0,30	0,23
Einschlafstörungen	n	17	15	17	16	9	10	8	18	17	19	18	15	12	9
	I.S.	0,62	0,43	0,42	0,38	0,28	0,25	0,19	0,55	0,44	0,45	0,38	0,33*	0,27	0,22
Durchschlafstörungen	n	18	15	14	14	10	7	6	18	19	19	18	10	10	9
	I.S.	0,60	0,43	0,40	0,38	0,30	0,18***	0,17	0,56	0,45*	0,47	0,42	0,24	0,22	0,23
Verkürzung d. Schlafs	n	16	14	14	13	5	7	4	16	14	14	11	7	5	8
	I.S.	0,58	0,42	0,42	0,30	0,17*	0,18	0,13	0,50	0,33*	0,32	0,24	0,17	0,13	0,17
Müdigkeit	n	10	7	8	6	2	2	1	10	9	5	4	3	1	2
	I.S.	0,25	0,15	0,18	0,12	0,05*	0,04	0,02	0,26	0,21	0,09***	0,08	0,08	0,03	0,05
Appetitlosigkeit	n	18	15	17	18	12	7	4	21	17	17	14	10	10	8
	I.S.	0,53	0,38**	0,45	0,45	0,33	0,25	0,15	0,52	0,41	0,45	0,32***	0,24	0,22	0,13
trockener Mund	n	4	7	11	16	16	12	8	6	12	15	12	16	17	15
	I.S.	0,13	0,18	0,32	0,50***	0,42	0,33	0,23	0,14	0,29	0,39*	0,27	0,38	0,35	0,30
Kopfdruck	n	5	6	5	5	3	5	2	8	7	5	7	5	2	3
	I.S.	0,15	0,20	0,15	0,15	0,08	,012	0,06	0,23	0,17	0,11	0,11	0,11	0,03*	0,10
and. vegetative St.	n	6	3	5	5	5	5	3	7	5	6	5	4	0	1
	I.S.	0,15	0,07	0,15	0,13	0,10	0,11	0,08	0,23	0,15	0,14	0,14	0,11*	0,00	0,02

8.4.1 *Differentieller Wirkungsvergleich von Amitriptylinoxid mit Amitriptylin*

Mit dem Fragebogen der Arbeitsgemeinschaft für Methodik und Dokumentation in der Psychiatrie (AMDP-Bögen 3 und 4) wurden für jeden Patienten in den einzelnen Behandlungsgruppen Einzelsymptome festgehalten und ihr Auftreten bzw. Abklingen registriert und berechnet (Mc-Nemar-Test) (siehe Tab. 16).

Von den erfaßten 12 Symptomen, die sich insgesamt während der Behandlung signifikant besserten, waren in der Amitriptylinoxidgruppe die Symptome deprimiert/traurig, hoffnungslos/verzweifelt, Durchschlafstörungen, verkürzte Schlafdauer und Müdigkeit schneller zurückgegangen, während in der Amitriptylingruppe die Symptome Denkhemmung, verlangsamtes Denken, Gefühl der Gefühllosigkeit, Einschlafstörungen und Appetitlosigkeit eher abklangen.
Berechnet man aus den Einzelsymptomen Syndrome entsprechend der von Baumann und Angst (1974) vorgeschlagenen Vorgehensweise, so ergeben sich die in Abbildung 12 dargestellten differentiellen Wirkungsprofile der Therapie mit Amitriptylin oder Amitriptylinoxid.
Aufgrund der Analyse der einzelnen Fragebögen und Untersuchungsinstrumente können in diesem Vergleich zweier ähnlicher Antidepressiva folgende Aussagen gemacht werden:

- Amitriptylinoxid zeigt im Vergleich zu Amitriptylin mindestens eine gleich gute antidepressive Wirkung bei schnellerer und deutlicherer Rückbildung psychomotorischer Gehemmtheit;
- Amitriptylinoxid zeigt keine oder nur geringe sedierende Wirkung, jedoch deutlich günstigere Effekte auf Durchschlafstörungen und verlängert die Schlafzeit;
- Patienten unter Amitriptylinoxid haben weniger häufiges und weniger ausgeprägtes Auftreten von Nebenwirkungen.

Zusammenfassend läßt sich aussagen, daß Aminox klinisch höchstwahrscheinlich über die aktiven Metabolite wirkt, welche in niedrigerer Konzentration nach Amitriptylinoxidgabe auftreten als nach

Abb. 12: Verlauf der Syndrom-Scores der AMPD-Syndrome in den beiden Behandlungsgruppen (Amitriptylin ○, n = 20; Amitryptilinoxyd ●, n = 23); p = 0,06 (ANOVA während der ersten Behandlungswoche)

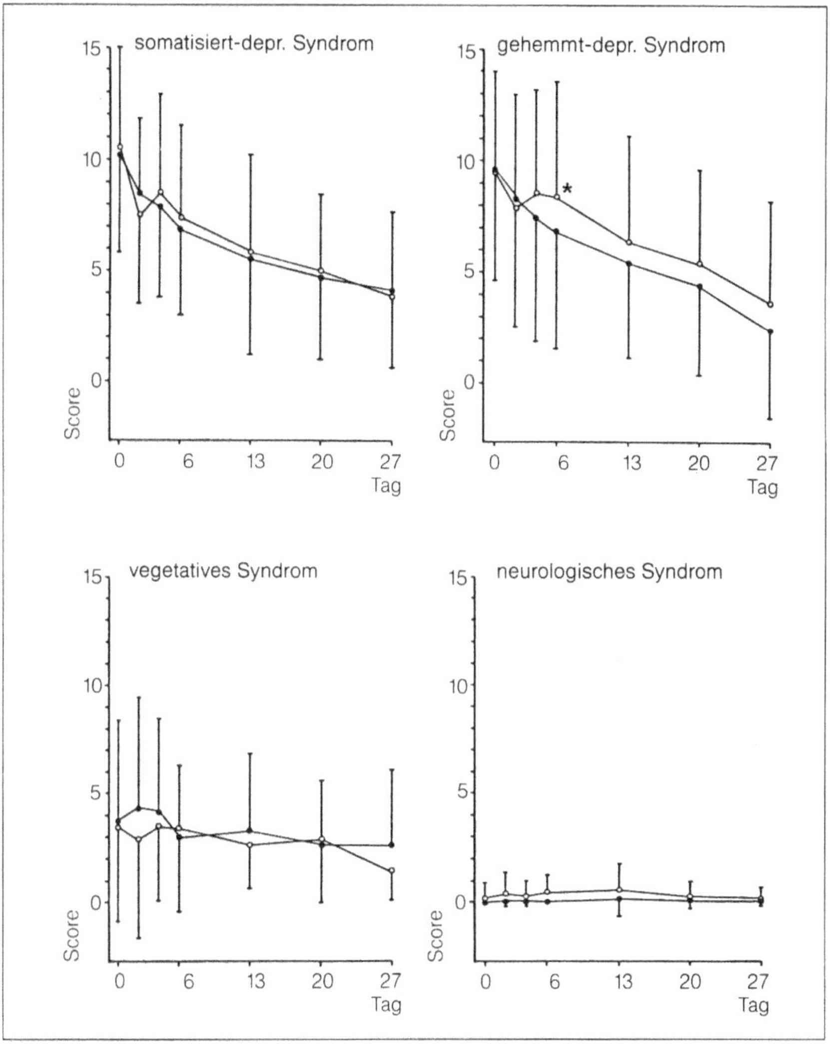

Amitriptylingabe. Dennoch zeigte die Amitriptylinoxid-Behandlungsgruppe etwas bessere therapeutische Erfolge.
Eine plausible, wenn auch entsprechend den klinischen Erfahrungen eher überraschende Interpretation könnte darin bestehen, daß in diesen Konzentrationsbereichen niedrigere Dosen therapeutisch eher günstiger sind.
Die aus Tierexperimenten ableitbare Interpretation, daß nach Gabe des hydrophileren Amitriptylinoxids eine günstigere Verteilung der aktiven Metabolite im menschlichen Organismus möglich ist (MELZACKA & DANEK, 1983), wäre denkbar, sie kann jedoch nicht ohne weiteres auf die Humanpharmakologie übertragen werden, nachdem in den Tierexperimenten mit sehr hohen Dosierungen gearbeitet wurde.

9 Zusammenfassung

Amitriptylin (Equilibrin) ist nun seit ca. 8 Jahren in der Bundesrepublik Deutschland auf dem Markt. Als klassisches trizyklisches Antidepressivum hat es sich behaupten können und durchgesetzt.
Dies ist um so erstaunlicher, da aufgrund der pharmakologischen Eigenschaften des Amitriptylinoxids und aufgrund seiner kinetischen Besonderheiten davon ausgegangen werden muß, daß es sich bei dieser Substanz um ein sogenanntes Pro-Drug handelt, also um ein Medikament, das nicht selbst, sondern erst über seine wesentlich aktiveren Metabolite wirkt.
Der wichtigste Metabolit des Amitriptylinoxids ist das Amitriptylin, das wir schon lange Zeit als wirksames Antidepressivum kennen.
Um so mehr überraschen vor allem die klinischen Studien, die eine gleich gute, wenn nicht sogar bessere therapeutische Wirkung bei der Anwendung von Amitriptylinoxid zeigen, zumal gesichert ist, daß bei gleichen Dosierungen die peripheren Konzentrationen der Substanzen bei Amitriptylinoxidgabe wesentlich niedriger sind als bei Amitriptylingabe.
Vielleicht ist es an der Zeit umzudenken, denn das sogenannte »therapeutische Fenster« bei der Anwendung der Antidepressiva könnte weiter sein, als bisher angenommen (KUSS et al., 1984). Auch existieren

ernstzunehmende Untersuchungen, die eine eher niedrigere Dosierung bei der Behandlung mit Amitriptylin nahelegen (Corona et al., 1977; Linden et al., 1983; Robinson et al., 1985).
Insofern hat die Einführung des Amitriptylinoxids als wirksames und nebenwirkungsarmes Antidepressivum eine Bereicherung für die Behandlung depressiver Patienten gebracht und für die Wissenschaft Impulse gegeben, die gängigen Dosierungsschemata neu zu überdenken.

10 Kurzdarstellung: Amitriptylinoxid

Warenname:
Equilibrin

Darreichungsform:
Tabletten à 30, 60, 90 und 120 mg

Wirksamer Bestandteil:
Amitriptylinoxid 2 H_2O

Anwendungsgebiete:
Depressionen

Gegenanzeigen:
akute Alkohol-, Schlafmittel-, Schmerzmittel und Psychopharmakavergiftungen, akute Delirien, Engwinkelglaukom, Prostatahypertrophie mit Restharnbildung sowie früher bestandene Agranulozytose.
Monoaminoxidase-Hemmer (MAO-Hemmer) müssen 2 Wochen vor Beginn der Behandlung mit Equilibrin abgesetzt werden.

Obwohl Tierversuche keine Anhaltspunkte für Mißbildungen ergeben haben, sollte Equilibrin in den ersten 3 Monaten der Schwangerschaft nicht verabreicht werden.
Equilibrin geht in die Muttermilch über. Obwohl Schädigungen des Säuglings nicht beobachtet wurden, sollte Equilibrin während der Stillzeit nicht angewandt werden, bzw. es sollte abgestillt werden.
Bei Patienten mit kardialer Vorschädigung, erhöhter Krampfbereitschaft sowie bei Patienten mit schweren Leberfunktionsstörungen darf Equilibrin nur unter besonderer Vorsicht angewandt werden.

Nebenwirkungen:

Es können Müdigkeit, Mundtrockenheit, Schwitzen, Schwindel, Tachykardie, Akkomodationsstörungen, Übelkeit, Erbrechen und seltener Obstipation auftreten. Diese Nebenwirkungen sind nach Absetzen des Präparates reversibel und treten meistens in stärkerem Ausmaß nur zu Beginn der Behandlung auf, insbesondere wenn die Dosis zu schnell gesteigert wird.
In Einzelfällen wurde auch eine Veränderung des Appetits beschrieben mit der Bevorzugung kohlenhydratreicher Nahrungsmittel. Vereinzelt kann es auch bei höherer Dosierung zu Flüssigkeitsvermehrung in bindegewebigen Strukturen kommen (Anschwellen der Finger, Lider und Fußgelenke).
Auch bei bestimmungsgemäßem Gebrauch kann das Reaktionsvermögen verzögert werden, so daß die Fähigkeit der Teilnahme am Straßenverkehr oder beim Bedienen von Maschinen beeinträchtigt wird. Dies gilt in besonderem Maße im Zusammenwirken mit Alkohol oder anderen psychotropen Substanzen.
Bei der Anwendung aller trizyklischen Antidepressiva kann es — meist zu vorübergehenden — Transaminaseanstiegen (GOT GPT, y-GT) kommen.

Wechselwirkungen mit anderen Mitteln:

In Verbindung mit Katecholaminen und katecholaminhaltigen

Lokalanästhetika wird die sympathomimetische Wirkung verstärkt. Bei gleichzeitiger Gabe von Anticholinergika kann die anticholinerge Wirkung verstärkt werden bis hin zu zentralnervösen Erscheinungen, wie z. B. das pharmakogene Delir. Dies betrifft vor allem die Kombinationen mit Akineton und niederpotenten Neuroleptika. Bei einer Kombination mit Neuroleptika kann es zu einer Erhöhung der Plasmakonzentration des Antidepressivums und seiner Metabolite kommen.
Die Wirkung zentralwirksamer, blutdrucksenkender Mittel (wie z. B. Clonidin oder Guanethidin) kann abgeschwächt werden.
Eine Kombination von Equilibrin mit Monoaminoxidase-Hemmern ist nur möglich, wenn die Behandlung zuerst mit dem Equilibrin begonnen wurde und dann (nach 2 — 3 Wochen) der MAO-Hemmer dazugegeben wird.

Dosierung:

Die Dosierung sollte durch den Arzt individuell festgelegt werden, wobei gerade zu Beginn der Behandlung das Auftreten von Nebenwirkungen einen Anhaltspunkt geben kann für die tolerable Dosishöhe, welche sich im Laufe der Behandlung verändern kann.
Eine Behandlung sollte einschleichend begonnen werden, wobei davon auszugehen ist, daß eine Tagesdosierung von 150 mg in den meisten Fällen ausreicht. In der Regel werden jedoch Tagesdosierungen bis zu 300 mg/die gut vertragen. Hier ist jedoch eine engmaschige ärztliche Kontrolle der Therapie notwendig.
Die Dosis kann als Einmalgabe verabreicht werden, wobei wegen der leicht sedierenden Wirkung eine abendliche Einnahme zu empfehlen ist bzw. bei mehrmaliger Applikation am Tag die höhere Dosis am Abend gegeben werden sollte.
Bei älteren Patienten, bei Patienten mit hirnorganischen Vorschädigungen oder interkurrierenden Erkrankungen sollte abhängig von der individuellen Disposition eine niedrigere Dosierung gewählt werden: Bei Patienten über 65 Jahren wird

man in der Regel ca. 30 % niedriger dosieren, bei Patienten über 75 Jahren sollte etwa die Hälfte der üblichen Tagesdosis verordnet werden.

Dauer der Anwendung:

Bei Erreichen der therapeutischen Dosis von ca. 150 mg/die können schon nach wenigen Tagen deutliche Befundbesserungen verzeichnet werden. In der Regel muß jedoch eine Behandlung von 3 — 4 Wochen abgewartet werden, um sicher Aufschluß zu bekommen, ob die Behandlung anschlägt. Sollte sich nach einer 4wöchigen Behandlungszeit keinerlei Besserung zeigen, so ist die Compliance zu überprüfen, die Dosierung neu zu überdenken und gegebenenfalls auf eine andere Behandlung umzustellen.

Bei gutem Ansprechen auf die Behandlung mit Equilibrin, was bei endogenen Depressionen in etwa bei ¾ der Patienten zu erwarten ist, sollte die Therapie mit Equilibrin 4 — 5 Monate weitergeführt werden, da in diesem Zeitraum auch bei Vollremission einer depressiven Phase das Risiko für Rückfälle am höchsten ist. Die Erhaltungstherapie kann jedoch dann meist mit einer niedrigeren Dosis weitergeführt werden, wobei nach jeder Dosisreduktion ca. 2 Wochen abzuwarten ist, ob der Zustand stabil bleibt. Gegebenenfalls ist wieder auf die ursprüngliche Dosis zurückzugehen.

Intoxikationen mit Equilibrin:

Symptome:

Bei Überdosierungen — meist bei Suizidversuchen — kann es zu lebensbedrohlichen Zuständen kommen. Der Patient muß daher so schnell wie möglich einer intensiv-medizinischen Überwachung zugeführt werden.

Das Symptombild der Intoxikation wird hauptsächlich geprägt durch Symptome einer Atropinvergiftung wie weite Pupillen, paralytischer Ileus, trockene Schleimhäute und Bewußtseinsveränderungen bis hin zum Koma.

Von seiten des Herz-Kreislauf-Systems können AV-Block, Arrhythmie, Vorhoftachykardien, Kammertachykardien bis hin zum Kammerflimmern auftreten und Blutdruckabfall.
Von seiten des Zentralnervensystems können Erregungszustände, Halluzinationen, Desorientiertheit, extrapyramidale Symptome, cerebrale Krampfanfälle, Delirium und Koma beobachtet werden.
Weiterhin kann es zur Bradypnoe und zum Atemstillstand kommen.

Therapie von Intoxikationen:

Sofortige Magenspülung (innerhalb von 8 Stunden) und Gabe von Carbo medicinalis; kontrollierte Beatmung und Anwendung eines Schrittmachers; als Antidot Applikationen von Physostigminsylicýlat (Köhler/Alsbach) 2 mg langsam i.v. bei Erwachsenen, bei Kindern 0,5 — 1,0 mg i.v. Die Injektion kann bei erneutem Auftreten der Vergiftungssymptome wiederholt werden. Forcierte Diurese und Hämodialyse sind meist wenig wirksam.

Sonstige Hinweise:

Während der Behandlung mit Equilibrin sind Blutbildkontrollen, Überwachung der Herz-Kreislauf-Funktionen (EKG, Blutdruck, Puls) besonders bei Risikopatienten durchzuführen.
Bei Verdacht auf hirnorganische Störungen sollte das EEG kontrolliert werden, besonders bei Patienten mit cerebralen Krampfanfällen in der Vorgeschichte.

11 Literaturverzeichnis

1. Agren, H.: Symptom Patterns in Unipolar and Bipolar Depression Correlating with Monoamine Metabolites in the Cerebrospinal Fluid. I. General Patterns. Psychiatry Res. 3: S. 211—223, 1980.

2. Alexanderson, B.: Pharmacokinetics of Desmethylimipramine and Nortriptyline in Man after Single and Multiple Oral Doses. Eur. J. clin. Pharmacol. 5: S. 1—10, 1972.

3. AMDP, Arbeitsgemeinschaft für Methodik und Dokumentation in der Psychiatrie (Hrsg.): Das AMDP-System: Manual zur Dokumentation psychiatrischer Befunde. Springer: Berlin/Heidelberg/New York 1979.

4. Arnold, O. H.: Zur Frage der Abwandlung depressiver Verläufe nach Antidepressiv Therapie. In: Das depressive Syndrom. Hippius, H., Selbach, H. (Hrsg.). Urban & Schwarzenberg: München 1969.

5. Asberg, M., Bertilsson, L., Martensson, B., Scalia-Tomba, G. P., Thoren, P., Träskman-Bendz, C.: CSF Monoamine Metabolites in Melancholia. Acta psychiatr. scand. 69: S. 201—219, 1984.

6. Asberg, M., Cronholm, B., Sjöqvist, F., Tuch, D.: Relationship between Plasma Level and Therapeutic Effect of Nortriptyline. Brit. Med. J. 3: S. 331—338, 1971.

7. Ashcroff, G. W., Dow, R. C., Yates, C. M., Pullar, J. A.: Significance of Lumbar CSF Metabolite Measurements in Affective Illness. I.: CNS and Behavioural Pharmacology Tuomisto, J. Paasomen, M. K. (Hrsg.). University of Helsinki press. Finnland: S. 277—284, 1976.

8. Avery, D., Lubrano, A.: Depression Treated with Imipramine and ECT: The De Carolis Study Reconsidered. Am. J. Psychiatry 136, 4B, 1979.

9. Axelrod, J., Whitely, L., Hertting, G.: Effect of Psychotropic Drugs on the Uptake of 3H-norepinephrine by Tissues. Science 133: S. 383—384, 1961.

10. Baldwin, R. C.: Delusional and Non-delusional Depression in Late Life: Evidence for a Distinct Subtype. Brit. J. Psychiatry 152: S. 39—44, 1988.

11. Banerjee, S. P., Kung, L. S., Riggi, S. J., Chanda, S. K.: Development of ß-Adrenergic Receptor Subsensitivity by Antidepressants. Nature 268: S. 455—456, 1977.

12. Barker, W. A., Eccleston, D.: The Treatment of Chronic Depression. An Illustrative Case. Brit. J. Psychiat. 144: S. 317—319, 1984.

13. Barnes, R. F., Veith, R. C., Borson, S., Verkey, J., Raskind, M. A., Halter, J. B.: High levels of Catecholamines in Dexamethason Resistant Depressed Patients. Am J. Psychiatry 140: S. 1623—1625, 1983.

14. Baumann, U., Angst, J.: AMP-System: Verlaufsanalysen psychologischer und somatischer Symptome. Arch. Psychiat. Nervenkr. 223: S. 227—238, 1977.

15. Beckmann, H., Goodwin, F. K.: Antidepressant Responses to Tricyclics and Urinary MHPG in Unipolar Patients. Arch. Gen. Psychiatry 32: S. 17—21, 1975.

16. Beckmann, H., Goodwin, F. K.: Urinary MHPG in Subgroups of Depressed Patients and Normal Controls. Neuropsychobiology 6: S. 91—100, 1980.

17. Beckmann, H., Murphy, D. L.: Phenelzine in Depressed Patients. Effects on Urinary MHPG Excretion in Relation to Clinical Response. Neuropsychobiology 3: S. 49—55, 1977.

18. Berger, P. A., Faull, K. F., Kilkowski, J., Anderson, P. J., Kramer, H., Davis, K. L., Barchas, J. D.: CSF Monoamine Metabolites in Depression and Schizophrenia. Am. J. Psychiatry 137: S. 174—180, 1980.

19. Bergstrom, D. A., Kellar, P., Kenneth, J. K.: Adrenergic and Serotonergic Receptor Binding in Rat Brain after Chronic Desmethylimipramine Treatment. J. Pharmaco. Exp. Ther. 209: S. 256—261, 1979.

20. Berlant, J. L.: Neuroleptics and Reserpine in Refractory Psychoses. J. Clin. Psychopharmacol. 6: S. 180—184, 1986.

21. Berner, P., Kryspin-Exner, K., Pöldinger, W.: Therapy Possibilities for Therapy-Resistant Depressions. Pharmakopsychiat. 7: S. 189—193, 1974.

22. Bertilsson, L., Mellström, B., Sjöqvist, F.: Pronounced Inhibition of Noradrenaline Uptake by 10-hydroxy-metabolites of Nortriptyline. Life Sci. 25: S. 1285—1292, 1979.

23. Betzler-Franke, M.: Klinische Untersuchungen zum Vergleich Amitriptylin-N-Oxid mit Amitriptylin. Inaug. Dissertation. Ludwig-Maximilians-Universität München 1988.

24. Bickel, H. M.: Metabolism of Antidepressants. In: Psychotropic Agents, Part i, Antipsychotics and Antidepressants. Hofmeister, F., Stille, G. (Hrsg.). Springer: Heidelberg/Berlin/New York 1980.

25. Bielski, R. J., Friedl, R. O.: Prediction of Tricyclic Antidepressant Response: Acritical Review. Arch. Gen. Psychiatry 33: S. 1479—1489, 1976.

26. Borbe, H. O., Müller, W. E.: Amitriptylinoxid. Ein Fortschritt in der Therapie mit Antidepressiva? Die Med. Welt 35: S. 1438—1442, 1984.

27. Borbe, H. O., Zierenberg, O.: Amitriptylinoxide: Receptorbinding Profile Compared with other Antidepressant Drugs. Pharmacopsychiat. 18: S. 413—419, 1985.

28. Borromei, A.: A New Antidepressant Agent: Amitriptyline-N-oxide. In: Typical and Atypical Antidepressants: Clinical Practice. Costa, E., Racagni, G. (Hrsg.). S. 43—47. Raven Press: New York 1982.

29. Breyer-Pfaff, U., Ewert, M., Wiatr, R.: Comparative Single Dose Kinetics of Amitriptyline and its N-oxid in a Volunteer. Arzneim. Forsch./Drig. Res. 28: S. 1916, 1978.

30. Britton, D. R., El-Wardany, Z. S., Brown, C. P., Bianchine, J. R.: Clinical Pharmacokinetics of Selected Psychotropic Drugs. In: Handbook of psychopharmacology. Iverson, L. L., Iverson, S. D., Snyder, S. H. (Hrsg.). Plenum Press: New York 1978.

31. Brunello, N., Barbaccia, M. L., Chuang, D. M., Costa, E.: Down-Regulation of Beta-Adrenergic Receptors Following Repeated Injection of Desmethylimipramine: Permissive Role of Serotonergic Axons. Neuropharmacology 21: S. 1145—1149, 1982.

32. Brunello, N., Chuang, D. M., Costa, E.: Use of Specific Brain Lesions to Study the Site of Action of Antidepressants. Adv. Biosc. 40: S. 141—145, 1982.

33. Bunney, W. E. Jr., Davis, J. M.: Norepinephrine in Depressive Reactions: A Review. Arch. Gen. Psychiatry 13: S. 483—494, 1965.

34. Carlsson, A.: Effects of Drugs on Amine Uptake Mechanism in the Brain. In: New Aspects of Storage and Release Mechanism of Catecholamines. Schürmann, H. J., Kroneberg, G. (Hrsg.). S. 223—233. Springer: Berlin/ Heidelberg/New York 1970.

35. Carlsson, A.: Durrent Theories on the Mode of Action of Antidepressant Drugs. Adv. Biochem. Psychopharmacol. 39. In: Frontiers in Biochemical and Pharmacological Research in Depression. Usdin, E. et al. (Hrsg.). S. 213—221. Raven Press: New York 1984.

36. Carlsson, A., Hillarp, N. A.: Release of Adrenalin from the Adrenal Medulla of Rabbits Produced by Reserpine, Kgl. Fysigr. Sällsk. Luna Förh. 26, 1956.

37. Cassano, G. B., Conti, L., Massimetti, G., Fornaro, P.: A Controlled Clinical Trial between Amitriptyline and its N-oxide Metabolite. Psychopharmacol. Bull. 19: S. 98—103, 1983.

38. CHARNEY, D. S., HENINGER, G. R.: Noradrenergic Function and the Mechanism of Action of Antianxiety Treatment. II. The Effect of Long-term Imipramine Treatment. Arch. Gen. Psychiatry 42: S. 473—481, 1985.

39. COHEN, B. M., BALDESSARINI, R. J.: Tolerance to Therapeutic Effects of Antidepressants. Am. J. Psychiatry 142: S. 489—490, 1985.

40. COPPEN, A.: The Biochemistry of Affective Disorders. Brit. J. Psychiatry 113: S.1237—1264, 1967.

41. COPPEN, A., GHOSE, K., MONTGOMERY, S.: Continuation Therapy with Amitriptyline in Depression. Brit. J. Psychiat. 133: S. 191—198, 1978.

42. CORONA, G. L., CUCCHI, M. L., SANTAGOSTINO, G., FRATTINI, P., ZERBI, F., FENOGLIO, L., SAVOLDI, F.: Blood Noradrenaline and 5-HT Levels in Depressed Women During Amitriptyline or Lithium Treatment. Psychopharmacology 77: S. 236—241, 1982.

43. CORONA, G. L., FENOGLIA, L., PINELLI, P., ZERBI, F.: Amitriptyline and Nortriptyline Plasma Levels and Therapeutic Response in Depressed Women. Pharmacopsych. Neuropsychopharmacol. 10: S. 299—308, 1977.

44. CREWS, F. T., PAUL, S. M., GOODWIN, F. K.: Acceleration of ß-Receptor Desensitization in Combined Administration of Antidepressants and Phenoxybenzamine. Nature 290: S. 787—789, 1981.

45. DAVIDSON J. R., MCLEOD, M. N., KURLAND, A. A., WHITE, H. L.: Antidepressant Drugs Therapy in Psychotic Depression. Brit. J. Psychiatry 131: S. 493—496, 1977.

46. DAVIDSON, J. R., MCLEOD, M. N., LAW-YONE, B., LINNOILA, M.: A Comparison of Electroconvulsive Therapy and Combined Phenelzine-Amitriptyline in Refractory Depression. Arch. Gen. Psychiatry 35, 1978.

47. DAVIS, K. L., HOLLISTER, L. E., MATHE, A. A., DAVIS, B. M., ROTHPEARL, A. B., FAULL, K. F., HSIEH, J. Y. K., BARCHAS, J. D., BERGER, P. A.: Neuroendocrine and Neurochemical Measurements in Depression. Am. J. Psychiatry 138: S. 1555, 1981.

48. DECAROLIS, V., GIBERT, F., ROCCATAGLIA, G.: Imipramina ed elltroshock

nella terapie delle depression; analisi clinico-statistica dei risultati in 437 casi. Sistema Nervoso 1: . 29—42, 1964.

49. DENKER, S. J.: Clinical Trial of Imipramine N-oxide and Amitriptyline-N-oxide. Translation of Nordisk Psykiatrisk Tidsskrift 25: S. 463, 1971.

50. EBERT, M. H., POST, R. M., GOODWIN, F. K.: Effect of Physical Activity on Urinary MHPG Excretion in Depressed Patients. Lancet: 766, 1972.

51. EDWARDS, D. J.: Identification and Analysis of Alcoholic Metabolites Produced by Monoamine Oxidases from Various Phenylethylamines. In: Monoamine Oxidase: Structure, Function and Altered Functions. S. 403—412. Academic Press: New York 1979.

52. ESCOBAR, J. I., FLEMENBAUM, A., SCHIELE, C. B.: Chlorimipramine: A Double-Blind Comparison of Intravenous Versus Oral Administration in Depressed Patients. Psychopharmacologia 33: S. 111—116, 1973.

53. ESLER, M., JACKMANN, G., BOBIK, A., KELLEKER, D., JENNINGS, G., LEONHARD, P., SKEWS, H., KORNER, P.: Determination of Norepinephrine Apparent Release Rate and Clearance in Humans. Life Sci. 25: S. 1461—1470, 1979.

54. ESLER, M., JACKMAN, G., LEONHARD, P., SKEWS, H., BOBIK, A., KORNER, P.: Effect of Norepinephrine Uptake Blockers on Norepinephrine Kinetics. Clin. Pharmacol. Ther. 29: S. 12—20, 1981.

55. ESLER, M., LEONHARD, P., KELLEKER, D., JACKMAN, G., BOBIK, A., SKEWS, H., JENNINGS, G., KORNER, P.: Assessment of Neuronal Uptake of Noradrenaline in Humans: Detective Uptake in some Patients with Essential Hypertension. Clin. Exp. Pharmacol Physiol. 7: S. 535—539, 1980.

56. ESLER, M., TURBOTT, J., SCHWARZ, R., LEONHARD, P., BOBIK, A., SKEWS, H., JACKMAN, G.: The Peripheral Kinetics of Norepinephrine in Depressive Illness. Arch. Gen. Psychiatry 39: S. 295—300, 1982.

57. FAUCETT, R. L., LITIN, E. M., ACHOR, R. W. P.: Neuropharmacologic Action of Rauwolfia Compounds and its Psychodynamic Implications. Arch. Neuro. Psychiat. 77: S. 513—518, 1957.

58. FELDMAN, R. D., LIMBIRD, L. E., NADEAU, J., FITZGERALD, G. A., ROBERTSON, D., WOOD, A. J. J.: Dynamic Regulation of Leukocyte Beta Adrenergic Receptor-Agonist Interactions by Physiological Changes in Circulating Catecholamines. J. Clin. Invest. 72: S. 164—170, 1983.

59. FEIN, S., PAZ, V., RAO, N., LAGRASSA, J.: The Combination of Lithium Carbonate and a MOAI in Refractory Depressions. Am. J. Psychiatry 145: S. 249—250, 1988.

60. FJALLAND, B.: Naunyn Schmiedebergs Arch. Exp. Path. Pharmak. 301: S. 5, 1977.

61. FRIEHE, H., FONTAINE, R.: Toxikologie von Amitriptylinoxid. Arzneim. Forsch./Drug Res. 28: S. 1898—1907, 1978.

62. GARBUTT, J. C., MAYO, J. P., GILETTE, G. M., LITTLE, K. Y., MASON, G. A.: Lithium Potentiation of Tricyclic Antidepressants Following Lack of T-3 Potentiation. Am. J. Psychiatry 143: S. 1038—1039, 1986.

63. GARFINKEL, P. E., WARSH, J. J., STANCER, A. C.: Depression: New Evidence in Support of Biological Differentiation. Am. J. Psychiatry 136: S. 535—539, 1979.

64. GEORGOTAS, A., FRIEDMAN, E., McCARTHY, M., MANN, J., KRAKOWSKI, M., SIEGEL, R., FERRIS, S.: Resistant Geriatric Depressions and Therapeutic Response to Monoamine Oxidase Inhibitors. Biol. Psychiatry 18: S.195—205, 1983.

65. GITLIN, M. J., WEINER, H., FAIRBANKS, L., HERSHMAN, J. M., FRIEDFELD, N.: Failure of T-3 to Potentiate Tricyclic Antidepressant Response. J. Affect. Disorders 13: S. 267—272, 1987.

66. GLASSMANN, A. H., KANTOR, S. J., SHOSTAK, M.: Depression, Delusions and Drug Response. Am. J. Psychiatry 132: S. 716—719, 1975.

67. GLOWINSKI, J., AXELROD, J., IVERSEN, L. L.: Regional Studies of Catecholamines in the Rat Brain. IV. Effects if Drugs on the Disposition and Metabolism of h3-norepinephrine and h3-dopamine. J. Pharmacol. Exp. Ther. 153: S. 30—41, 1966.

68. Godt, H. H., Fredslund-Alexander, K., Edhardt, A. M.: Amitriptyline-N-Oxid, a new Antidepressant, Comparative Clinical Assessment in Relation to Amitriptyline. Nord. Psykiatr. Tidsschrift 25: S. 237, 1971.

69. Hale, A. S., Procter, A. W., Bridges, P. K.: Clomipramine, Tryptophane and Lithium in Combination in Therapy Resistant Endogenous Depression: Seven Case Studies. Brit. J. Psychiatry 151: S. 213—217, 1987.

70. Hamilton, M.: A Rating Scale for Depression. J. Neurol. Neurosurg. Psychiat. 23: S. 56—62, 1960.

71. Hamilton, M.: Drug Resistant Depressions. Response to E.C.T. Pharmakopsychiat. 7: S. 205—206, 1974.

72. Harrer, G., Beinroth, A-S.: Multizentrische Therapiestudie mit Amitriptylinoxid — Equilibrin 60 — ein Breitband Antidepressivum. Die Med. Welt 34: S. 1473—1477, 1983.

73. Hebenstreit, G. F.: Amitriptylinoxid — eine Alternative zu den klassischen trizyklischen Antidepressiva in der Therapie depressiver Patienten. Ergebnisse einer Doppelblindstudie mit Amitriptylinoxid versus Amitriptylin. Der Praktische Arzt 522: S. 1241—1258, 1985.

74. Helmchen, H., Hippius, H.: Pharmakogene Depression. In: Das depressive Syndrom. Hippius, H., Selbach, H. (Hrsg.). Urban & Schwarzenberg: München 1967.

75. Helmchen, H., Pietzker, A.: Die psychische und soziale Dimension der neuroleptischen Langzeitmedikation. In: Therapie mit Neuroleptica. Hippius, H., Klein, H. E. (Hrsg.). Perimed: Erlangen 1983.

76. Hertting, G., Axelrod, J., Whiteby, L. G.: Effect of Drugs on the Uptake and Metabolism of H3-norepinephrine. J. Pharmacol. Exp. Ther. 134: S. 146—152, 1961.

77. Hippius, H., Jungkunz, G.: Some General Remarks to the Problem of Therapy Resistant Depression. In: Psychiatry. The State of the Art, Vol. 3. Pichot, P., Berner, P., Wolf, R., Than, R. (Hrsg.). Plenum Publishing Corporation: S. 97—104, 1985.

78. Hyttel, J.: Citalopram — Pharmacological Profile of a Specific Serotonin Uptake Inhibitor with Antidepressant Activity. Prog. Neuropsychopharmacol. Biol. Psychiatry 6: S. 277—295, 1982.

79. Hyttel, J., Christensen, A. V., Fjalland, B.: Neuropharmacological Properties of Amitriptyline and their Metabolites. Acta pharmacol. toxicol. 47: S. 53—57, 1980.

80. Janowsky, A. J., Steranka, L. R., Gillespie, D. D., Sulser, F.: Role of Neuronal Signal Input in the Down-regulation of Central Noradrenergic Receptor Function by Antidepressant Drugs. J. Neurochem. 39: S. 290—292, 1982.

81. Janowsky, A. J., Okada, F., Manier, D., Applegate, C. D., Sulser, F.: Role of Serotonergic Input in the Regulation of the Beta-Adrenergic Receptor-coupled Adenylate Cyclase System. Science 218: S. 900—901, 1982.

82. Jensen, K.: Depression in Patients Treated with Reserpine for Arterial Hypertension. Acta Psychiat. Neurol. Scand. 34: S. 195—204, 1959.

83. Johnson, R. W., Reisine, T., Spotnitz, S., Wiech, N., Ursillo, R., Yamamura, H. J.: Effect of Desipramine and Yohimbine on Alpha-2- and Beta-Adrenoceptor Sensitivity. Eur. J. Pharmac. 67.

84. Jungkunz, G.: Sind Bestimmungen von Serum-Spiegeln sinnvoll zur Therapie-Kontrolle? Diagnostik 19: S. 27—29, 1986.

85. Jungkunz, G., Holsboer, F.: Ergebnisse einer kontrollierten Untersuchung: Amitriptylin — Amitriptylin-N-Oxid. In: Depression — erkennen und behandeln. Rudolf, G. A. E., Heinrich, K. (Hrsg.). S.118—126. Vieweg: Braunschweig 1984.

86. Jungkunz, G., Kuss, H-J.: On the Relationship of Nortriptyline: Amitriptyline Ratio to Clinical Improvement of Amitriptyline Treated Patients. Pharmacopsychiat. 13: S. 111—116, 1980.

87. Jungkunz, G., Kuss, H-J., Dieterle, D., Laakmann, G., Schmauss, M., Wittmann, M.: Vergleich der Infusionsbehandlung mit peroraler Applikation von Clomipramin bei endogenen depressiven Patienten. Eine Doppelblindstudie mit Plasmaspiegelbestimmungen. In: Tropfinfusio-

nen in der Depressionsbehandlung. Kielholz, P., Adams, C. (Hrsg.). S. 38—48. Georg Thieme: Stuttgart/New York 1984.

88. Keller, H. H., Burkhard, W. P., Da Prado, M.: Dopamine Receptor Blockade in Rat Brain after Acute and Subchronic Treatment with Tricyclic Antidepressants. In: Advances in Biochemical Psychopharmacology. Vol. 24. Costa, E., Greengard, P. (Hrsg.). Raven Press: New York 1979.

89. Kielholz, P., Terzani, S., Gastpar, M.: Behandlung der therapieresistenten Depressionen. Deutsche Med. Wochenschrift 100: S. 241—243, 1978.

90. Klaiber, E. L., Broverman, D. M., Vogel, W., Kobayashi, Y.: Estrogen Therapy for Severe Persistent Depressions in Women. Arch. Gen. Psychiatry 36: S. 550—554, 1979.

91. Koslow, S. H., Maas, J. W., Bowden, C. L., Davis, J. M., Hanin, J., Javaid, J.: CSF and Urinary Biogenic Amines and Metabolites in Depression and Mania. A Controlled Univariate Analysis. Arch. Gen. Psychiatry 40: S. 999—1010.

92. Kraepelin, E.: Manic-Depressive Insanity and Paranoia. E. und S. Livingstone: Edinburg 1921.

93. Kugler, J., Johannes, K.-J., Laub, M., Tuluweit, K.: Electroencephalografic Assessment of Vigilance after Administration of Amitriptylin-N-Oxid. Arzneim. Forsch./Drug Res. 28: S. 1924—1925, 1978.

94. Kuhn, R.: Über die Behandlung depressiver Zustände mit einem Iminodibenzyl-Derivat (G 22 355). Schweiz. Med. Wschr. 87: 1329, 1957.

95. Kuss, H.-J., Jungkunz, G., Dieterle, D.: Veränderung der klinischen Wirkung des Amitriptylins durch Kombinationsbehandlung. Arzneim. Forsch./Drug Res. 30: S. 1200, 1980.

96. Kuss, H.-J., Jungkunz, G., Holsboer, F.: Amitriptyline: Looking through the therapeutic window. Lancet, feb.: S. 464—465, 1984.

97. Kuss, H.-J., Jungkunz, G., Johannes, K.-J.: Single Oral Dose Pharmacokinetics of Amitriptylinoxide and Amitriptyline in Humans. Pharmacopsychiat. 18: S. 259—262, 1985.

98. Lake, C. R., Pickar, D., Ziegler, M. G., Lipper, S., Slater, S., Murphy, D. L.: High Plasma Norepinephrine Levels in Patients with Major Affective Disorder. Am. J. Psychiatry 139: S. 1315—1318, 1982.

99. Langer, G., Heimann, H.: Psychopharmaka, Grundlagen und Therapie. Springer: Wien/New York 1983.

100. Lapin, J. P., Oxenkrug, G. F.: Intensification of the Central Serotonergic Processes as a Possible Determinant of the Thymoleptic Effect. Lancet I: S. 132, 1969.

101. Lemieux, G., Davignon, A., Genest, J.: Depressive States During Rauwolfia Therapy for Arterial Hypertension. Canad. Med. Assoc. J. 74: S. 522—526, 1956.

102. Leuschner, F., Neumann, W., Doppelfeld, I. S., Erdös, A., Fontaine, R., Gabbar, H. A., Graf, E.: General Pharmacology of Amitriptylinoxide. Arzneim. Forsch./Drug Res. 28: S. 1883—1893, 1978.

103. Linden, M., Müller-Örlinghausen, B., Schüssler, G., Wilkeburger, H.: Dosage and Serum Levels of Amitriptyline in Depressed Outpatients under Routine Treatment Conditions: Supporting by Low Dose Therapy. Psychopharmacol. Bull. 19: S. 106—108, 1983.

104. Linnoila, M., Karoum, F., Calil, H. M., Kopin, J. J., Potter, W. Z.: Alteration of Norepinephrine Metabolism with Desimipramine and Zimelidine in Depressed Patients. Arch. Gen. Psychiatry 39: S. 1025—1028, 1982.

105. Loomer, H. P., Saunders, J. C., Kline, N. S.: A Clinical and Pharmacodynamic Evaluation of Iproniazid as a Psychic Energizer. Psychiat. Res. Pub. Amer. Psychiat. Ass. 8: S. 129, 1957.

106. Louis, W. J., Doyle, A. E., Anavekar, S. N.: Plasma Noradrenaline Concentration and Blood Pressure in Essential Hypertension, Phaeochromocytoma and Depression. Clin. Sci. Mol. Med. 48: S. 2395—2425, 1975.

107. Maas, J. W., Fawcett, J., Dekirmenjion, H.: 3-Methoxy4-hydroxyphenylglycol (MHPG) Excretion in Depressive States: A Pilot Study. Arch. Gen. Psychiatry 19: S. 129—134, 1968.

108. Maas, J. W., Koslow, S. H., Davis, J. D., Katz, M., Frazer, A., Bowden, C. L., Berman, N., Gibbons, R., Stokes, P., Landis, H.: Catecholamine Metabolism and Disposition in Healthy and Depressed Subjects. Arch. Gen. Psychiatry 44: S. 337—344, 1987.

109. Maitre, L., Moser, L., Baumann, P. A., Waldmeier, P. C.: Amin Uptake Inhibitors: Criteria of Selectivity. Acta Psychiat. Scand. 61, Suppl. 1: S. 97—110, 1980.

110. Maj, J., Vetulani, J., Michaluk, J., Rogoz, Z., Skuza, G.: Central Action of Amitriptyline-N-oxide. Pharmacopsychiat. 15: S. 187—191, 1982.

111. Major, L. F., Lake, R. C., Lipper, S.: The Central Noradrenergic System and Affective Response to MAO-Inhibitors. Prog. Neuropsychopharmacol. 3: S. 535—542, 1979.

112. Mann, J. J.: Loss of Antidepressant Effect with Long-term Monoamine Oxidase Inhibitor Treatment without Loss of Monoamine Oxidase Inhibition. J. Clin. Psychopharmacol. 3: S. 363—366, 1983.

113. Matussek, N.: Neurobiologie und Depression. Med. Wschr. 20: S. 109, 1966.

114. Melzacka, M., Danek, L.: Pharmacokinetics of Amitriptyline-N-oxids in Rats after Single and Prolonged Oral Administration. Pharmacopsychiatria 16: S. 30, 1983.

115. Mendlewicz, J., Pinder, R. M., Stulemeijer, S. M., Van Dorth, R.: Monoamine Metabolites in Cerebrospinal Fluid of Depressed Patients during Treatment with Mianserin or Amitriptyline. J. Affective Disorders 4: S. 219—226, 1982.

116. Midgley, I., Hawkins, D. R., Charraud, L. F.: The Metabolic Fate of the Antidepressant Amitriptylineoxide in Man. Arzneim. Forsch./Drug Res. 28: S. 1911, 1978.

117. Moldawsky, R. J.: Tolerance to Antidepressants. Am J. Psychiatry 142: S. 1519, 1985.

118. Montigny, de, C., Grunberg, F., Mayer, A., Deschenes, J.-P.: Lithium Induces Rapid Relief of Depression in Tricyclic Antidepressant Drug Non-Responders. Brit. J. Psychiatry 138: S. 252—256, 1981.

119. Müller, P.: Was sollen wir Schizophrenen raten: Medikamentöse Langzeitprophylaxe oder Intervallbehandlung? Nervenarzt 54: S. 477—485, 1983.

120. Müller, P., Kind, J.: Pharmacogenic Depressive Syndromes in the Course of Schizophrenic Psychoses. Arzneim. Forsch. 28: S. 1501—1502, 1978.

121. Nadjafi, A.: Die ambulante Therapie der Depression mit Equilibrin. Die Med. Welt 32: S. 1497—1500, 1981.

122. Naylor, G. J., Smith, A. H. W., Conelly, P.: A Controlled Trial of Methylene Blue in Severe Depressive Illness. Biol. Psychiatry 22: S. 657—659, 1987.

123. Okada, F., Manier, D. H., Janowsky, A. J., Steranka, L. R., Sulser, F.: Role of Aminergic Neuronal Input in the Down-regulation by Desipramine (DMJ) of the Norepinephrine (NE) Receptor Coupled Adenylate Cyclase System in Rat Cortex. Soc. Neurosci 8: S. 659, 1982.

124. Oppenheim, G.: A Case of Rapid Mood Cycling With Estrogen: Implications for Therpay. J. Clin. Psychiatry 45: S. 34—35, 1984.

125. Oreland, L., Wiberg, A., Asberg, Traskman, L., Sjostrand, L., Thoren, P., Bertilsson, L., Tybring, G.: Platelet MAO Activity and Monoamine Metabolites in Cerebrospinal Fluid in Depressed and Suicidal Patients and in Healthy Controls. Psychiatry Res. 4: S. 21—29, 1981.

126. Paykel, E. S., Fleminger, R., Watson, J. P.: Psychiatric Side Effects of Antihypertensive Drugs other Than Reserpine. J. Clin. Psychopharmacol. 2: S.14—39, 1982.

127. Pflug, B., Engelmann, W., Gartner, H. J.: Circadin Course of Body Temperature and the Excretion of MHPG and VMA in a Patient with Bipolar Depression. J. Neural Transmission 53: S. 213—215, 1982.

128. Platz, W., Bartsch, H.: Ergebnisse einer Doppelblindstudie bei stationär behandelten Patienten mit depressivem Syndrom. In: Depressionen — erkennen und behandeln. II. Rudolf, G. A. E., Heinrich, K. (Hrsg.). S. 102—117. Vieweg: Braunschweig 1984.

129. Post, R. M., Ballenger, J. C., Goodwin, F. K.: Cerebrospinal Fluid Studies of Neurotransmitter Function in Manic and Depressive Illness. In: Neurobiology of Cerebrospinal Fluid. Wood, J. H. (Hrsg.). S. 685—717. Plenum Press: New York 1980.

130. Potter, W. Z., Calil, H. M., Externi, J.: Crossover Study of Zimelidine and Desipramine in Depression: Evidence for Amine Specifity. Psychopharmacol. Bull. 17: S. 26—29, 1981.

131. Praag, H. M. van: Monoamine and Depression. Pharmakopsychiat. 2: S. 151—160, 1969.

132. Rapp, W.: Comparative Trial of Amitriptyline-N-oxide and Amitriptyline in the Treatment of Outpatients with Depressive Syndromes. Acta psychiat. scand. 58: S. 245—255, 1978.

133. Rifkin, A., Quitkin, F., Rabiner, C. J., Klein, D. F.: Fluphenazine Decanoate, Fluphenazine hydrochloride Given Orally, and Placebo in Remitted Schizophrenics. Arch. Gen. Psychiatry 34: S. 43—47, 1977.

134. Robins, E., Guze, S. B.: Classification of Affective Disorders — The Primary — Secondary, the Endogenous — Reactive and Neurotic — Psychotic Concept. In: Recent Advances in Psychobiology of Depressive Illness. Williams, T. A., Katz, M. M., Shields, J. A. (Hrsg.). Government Printing Office: London 1972.

135. Robinson, D. S., Cooper, T. B., Howard, D., Corcella, J., Albright, D.: Amitriptyline and Hydroxylated Metabolite Plasma Levels in Depressed Outpatients. J. Clin. Pharmacol. 5: S. 83—88, 1985.

136. Robinson, D. S., Johnson, G. A., Nies, A., Corcella, J., Cooper, Th. B., Albright, D., Howard, D.: Plasma Levels of Catecholamines and Dihydroxyphenylglycol during Antidepressant Drug Treatment. J. Clin. Psychopharmacol. 3: S. 282—287, 1983.

137. Roy, A., Pickar, D., Linnoila, M., Doran, A. R., Ninan, P., Paul, S. M.: Cerebrospinal Fluid Monoamine and Monoamine Metabolite Concentrations in Melancholia. Psychiatry Res. 15: S. 281—292, 1985.

138. Roy, A., Pickar, D., Linnoila, M., Potter, W. Z.: Plasma Norepinephrine Level in Affective Disorders. Relationship to Melancholia. Arch. Gen. Psychiatry 42: S. 1181—1185, 1985.

139. Rudorfer, M. V., Ross, R. J., Linnoila, M., Sherer, M. A., Potter, W. Z.: Exaggerated Orthostatic Responsivity of Plasma Norepinephrine in Depression. Arch. Gen. Psychiatry 42: S. 1186—1192, 1985.

140. Sassim, N., Kuss, H.-J.: The Reduction of Amitriptylin-N-Oxide to Amitriptyline in Human Blood. Arzneim. Forsch./Drug Res. 32: S. 907, 1982.

141. Schatzberg, A. F., Orsulak, P. J., Rosenbaum, A. H., Maruta, T., Kruger, E. R., Cole, J. O., Schildkraut, J. J.: Toward a Biochemical Classification of Depressive Disorders: V: Heterogeneity of Unipolar Depressions. Am. J. Psychiatry 139: S. 471—475, 1982.

142. Schildkraut, J. J.: The Catecholamine Hypothesis of Affective Disorders: Review of Supporting Evidence. Am. J. Psychiatry 122: S. 509—522, 1965.

143. Schildkraut, J. J., Orsulak, P. J., Schatzberg, A. F., Gudeman, J. E., Cole, J. O., Rohde, W. A., LaBrie, R. A.: Toward a Biochemical Classification of Depressive Disorders. In: Differences in Urinary Excretion of MHPG and Other Catecholamine Metabolites in Clinically Defined Subtypes of Depressions. Arch. Gen. Psychiatry 35: S. 1427—1433, 1978.

144. Schmauss, M., Jungkunz, G.: Depressive Syndrome unter besonderer Berücksichtigung der larvierten Depression. Internist 27: 201—205, 1986.

145. Schmauss, M., Meyr, P.: Kombinationstherapie tri- und tetrazyklischer Antidepressiva mit MAO-Hemmern. Psycho 9: S. 373—374, 1983.

146. Schröder, H. G.: Klinische Erprobung von Equilibrin bei stationären depressiven Patienten. Die Med. Welt 33: S. 1071—1072, 1982.

147. Scott, J. A., Crews, F. T.: Rapid Decrease in Rat Brain Beta Adrenergic Receptor Binding During Combined Alpha-2-Antagonist Treatment. J. Pharmac. exp. Ther. 224: S. 640—646, 1983.

148. Seefried, S.: Equilibrin bei älteren depressiven Patienten. Ergebnisse einer Therapiestudie. Zeitschr. f. Allgemeinmed. 35: S. 1945—1948, 1982.

149. Segal, D. S., Kuczenski, R., Mandell, A. J.: Theoretical Implications of Drug-Induced Adaptive Regulation for a Biogenic Amine Hypothesis of Affective Disorder. Biological Psychiatry 9: S. 147—159, 1974.

150. Seifert, G. J.: Untersuchung therapeutischen Vorgehens bei endogenen Depressionen. Eine retrospektive Studie. Inaug. Diss. Ludwig-Maximilians-Universität, München 1985.

151. Sethna, E. R.: A Study of Refractory Cases of Depressive Illnesses and their Response to Combined Antidepressant Treatment. Brit. J. Psychiatry 124: S. 265—272, 1974.

152. Shore, A., Silver, S. L., Brodie, B. B.: Interaction of Reserpine, Serotonin and Lysergic Acid Diethylamide in Brain. Science 122: S. 284—285, 1955.

153. Sieck, A., Wenzl, H., Graf, E.: Der Einfluß von Amitriptylinoxid auf experimentell induzierte Ulzera und Magensektion der Ratte. Arzneim. Forsch./Drug Res. 28: S. 1893—1894, 1978.

154. Siever, L. J., Pickar, D., Lake, C. R., Cohen, R. M., Uhde, T. W., Murphy, D. L.: Extreme Elevations in Plasma Norepinephrine Associated with Decreased a-Adrenergic Responsivity in Major Depressive Disorder: Two Case Reports. J. Clin. Psychopharmacol. 3: S. 39—41, 1983.

155. SIGG, E. B., GYERMEK, L., HILL, R. T.: Antagonism to Reserpine Induced Depression by Imipramine, Related Psychoactive Drugs and Some Autonomic Agents. Psychopharmacologia 7: S. 144—149, 1965.

156. SIGG, E. B., SOFFER, L., GYERMEK, L.: Influence of Imipramine and Related Psychoactive Agents on the Effect of 5-HT and Catecholamines on the Cat Nictating Membrane. J. Pharmacol. Exp. Ther. 142: S. 13—20, 1963.

157. STEIN, D., AVNI, J.: Thyroid Hormones in the Treatment of Affective Disorders. Acta Psychiatr. Scand. 77: S. 623—636, 1988.

158. STONE, E. A.: Problems with Current Catecholamine Hypothesis of Antidepressant Agents: Speculations Leading a New Hypothesis. Behavioral and Brain Sciences 6: S. 535—577, 1983.

159. SULSER, F.: Regulation and Function of Noradrenaline Receptor Systems in Brain. Psychopharmacological Aspects. Neuropharmacology 23: S. 255—261, 1984.

160. SULSER, F., JANOWSKY, A., OKADA, F., MANIER, D. H., MOBLEY, P. L.: Regulation of Recognition and Action Function of the Norepinephrine Receptor Coupled Adenylate Cyclase Systems in Brain: Implications for the Therapy of Depression. Neuropharmacology 22: S. 425—431, 1983.

161. SULSER, F., VETULANI, J., MOBLEY, Ph. L.: Mode of Action of Antidepressant Drugs. Biochem. Pharmacol. 27: S. 257—261, 1978.

162. TARIOT, P. N., MURPHY, D. L., SUNDERLAND, T., MÜLLER, E. A., COHEN, R. M.: Rapid Antidepressant Effect of Addition of Lithium to Tranylcypromine. J. Clin. Psychopharmacol. 6: S. 165—167, 1986.

163. TRÄSKMAN, L., ASBERG, M., BERTILSSON, L., CRONHOLM, B., MELLSTRÖM, B., NECKERS, L. M., SJÖQUIST, F., THOREN, P., TYBRING, G.: Plasma Levels of Chlorimipramine and its Demethyl Metabolite During Treatment of Depression. Clin. Pharm. Ther. 26: S. 600—610, 1979.

164. TRÄSKMAN, L., ASBERG, M., BERTILSSON, L., SJOSTRAND, L.: Monoamine Metabolites in CSF and Suicidal Behavior. Arch. Gen. Psychiatry 38: S. 631—636, 1981.

165. Veith, R. C., Raskind, M. A., Caldwell, J. H., Barnes, R. F., Gumbrecht, G., Ritchie, J. L.: Cardiovascular Effects of Tricyclic Antidepressants in Depressed Patients with Chronic Heart Disease. The New England J. Med. 306: S. 954, 1982.

166. Vernier, V. G., Hansen, H., Stone, C.: The Pharmakodynamics of Amitriptyline. In: Psychosomatic Medicine: S. 683, 1962.

167. Vetulani, J., Stawarz, R. J., Sulser, F.: Adaptive Mechanisms of the Noradrenergic Cyclic AMP Generating Systems in the Limbic Forebrain of the Rat: Adaptation to Persistent Changes in the Avialiability of Norepinephrine (NE). J. Neurochemistry 27: S. 661—666, 1978.

168. Vetulani, J., Sulser, F.: Action of Various Antidepressant Treatments Reduces Reactivity of Noradrenergic Cyclic AMP-Generating System in Limbic Forebrain. Nature 257: S. 495—496, 1975.

169. Wehr, T. A., Muscetolla, G., Goodwin, F. K.: Urinary 3-Methoxy-4-Hydroxyphenylglycol Circadian Rhythm. Early Timing. Arch. Gen. Psychiatry 35: S. 1378—1383, 1978.

170. Wilk, S., Shopsin, B., Gershon, S., Suhl, M.: Cerebrospinal Fluid Levels of MHPG in Affective Disorders. Nature 235: S. 440—441, 1972.

171. Wolfe, B. B., Harden, T. K., Sporn, J. R., Molinoff, P. B.: Presynaptic Modulation of Beta Adrenergic Receptors in Rat Cerebral Cortex After Treatment with Antidepressants. J. Pharmac. exp. Ther. 207: S. 446—457, 1978.

172. Wyatt, R. J., Postnoy, B., Kupfer, D. J., Snyder, F., Engelman, K.: Resting Plasma Catecholamine Concentrations in Patients with Depression and Anxiety. Arch. Gen. Psychiatry 24: S. 65—60, 1971.

173. Zeller, E. A., Barsky, J., Fouts, J. R., Kirchheimer, W. F., Van Orden, L. S.: Influence of Isonicotinic Acid Hydrazide (INH) and 1-isonicotinyl-2-isopropylhydrazine (IIH) on Bacterial an Mammalian Enzymes. Experientia 8: S. 349—361, 1952.

12 Stichwortverzeichnis

A

B

C

D

E

F

G

H

I

K

L

M

N